今泉老师来教你!

别说你懂猫咪

猫咪行为

100问

【任何人都能看懂的猫咪行为图鉴】

今泉忠明 著

王春梅 译

U0388374

辽宁科学技术出版社

·沈 阳·

篇首语

　　喜欢猫，想要更好地了解猫咪的您，一定不要错过这本书。毕竟，面对朝夕相处的猫咪，您总是有些难解的疑惑吧。

　　明明刚刚还从喉咙里发出咕噜声，怎么反口就要咬人呢，真是令人抓狂！
　　我根本没碰到它的肚子或者什么私密部位，这究竟是为什么？

　　夜深人静的时候，猫咪在房间里晃来晃去，它是在干什么呢？是不是想要叫我起床？是不是没有饭吃？主人往往这么想着想着就睡着了吧。
　　但是，梦里也会想着这桩心事。

　　它总是跳上床来，在我的枕边睡觉。总是这样，可是它究竟是怎么看待我这个主人的呢？

如果可以跟猫咪交流，真是很想把这些事情问清楚。可遗憾的是，人类并不精通猫语。

所以，编辑部特意汇总了一些在日常生活中困扰我们的猫的谜题，代表大家向今泉忠明老师进行请教。今泉老师是伊豆"猫咪博物馆"的馆长，曾经在1973—1977年参加过日本野生生物基金会举办的"山猫保护生态调查"，是一位名副其实的猫博士。

而编辑部派出的提问代表，是拥有40余年养猫经验的、目前与3只猫咪一起生活的宙照SHII女士。

正如今泉老师说的那样："毕竟我不是猫，我所说的只是推测。但我愿意站在猫咪的视角上，真诚地向您传达猫咪的感受。"

那么，等待我们的，将是哪些"猫"生真实呢？已然按捺不住！

编辑部代表 宙照SHII

注：本书中标注""的内容均为今泉老师的发言。编辑部代表的言论以编辑部的形式出现。

今泉老师来教你！
找个机会问清楚
猫咪100问

目 录

我的猫，是怎么看待我的？

第 3 章

人气猫咪大集合！ ·········133

第1章

猫的记忆力是好，还是坏？
为什么要舔塑料袋？
让我们一起来学习一下神秘的猫咪世界吧！

你所不知的猫咪世界

今泉老师来教你！

问 Question 01 年轻小猫特别容易忽然暴走，为什么？

和 Answer

猫咪小时候，会跟自己的想象做游戏。忽然，想象着自己在捕捉什么猎物吧。

"好多小猫从猫砂盆出来以后都要疯跑几圈。还有的小猫专门喜欢在半夜开运动会，能跑多快就跑多快。当然了，白天也会有这种情况。

"从猫砂盆出来的这种情况，多半是因为小猫在狭小的猫砂盆里出现了紧张情绪，所以一跑出来就忍不住要飞奔几圈。在野生环境中，小猫排泄时最没有防备，也是最危险的时间段。

"这可都是我推测和想象出来的，要是不能直接问问猫咪，我们就永远没办法知道真相。

"说到深夜运动会，那是因为猫本来就是夜行动物，每到夜

晚就会变得能量十足。平时小猫配合主人的生活节奏，看起来好像白天活动、晚上睡觉一样，但其实根本没睡。

"一到晚上，主人已经安然入眠了，小猫可不管那么多。一旦想起来什么，就能马上进入玩耍状态。要知道，猫可是超级幻想家。

"如果你看到小猫忽然开始暴走，忽然腾空而起，忽然弓背猫腰，忽然要去抓什么东西，忽然开始满地打滚，那都是它们陷入了自己想象的世界的缘故。

"能跟自己玩儿，这就是猫。"

问 Question 02

猫咪成年以后，也会自娱自乐吗？

智力发展和游戏程度成反比，也就是说，猫咪慢慢长大以后，自娱自乐的情况就会减少。

"在小奶猫的阶段，一片叶子都能让小猫兴高采烈地玩儿好半天。风吹动落叶，让小猫觉得那就是个什么小动物，于是本能地做出反应。

"母猫喜欢玩儿自己的尾巴。追着自己的尾巴跑，对小猫来说是一件挺有意思的事儿。直到有一天，小猫终于发现自己转来转去追的竟然是自己的尾巴，然后就会渐渐失去兴趣了。

"所以说，智力发展和游戏程度成反比，等它们成熟以后，游戏的兴趣会有所降低。与此同时，自娱自乐的情况也会慢慢减少。

"话说回来，追尾巴这件事儿，就算是小猫长大了，在闲极无聊的时候，也还是会追着自己的尾巴玩儿的。"

问 Question 03 夜里常听见猫咪跑跳的声音，点开台灯后一下子就会恢复安静，为什么？

周围环境明亮以后，小猫会有"不好！被发现啦！"的想法。

"猫懂得周围一变亮，人类就能看清楚的事实。所以，它们能意识到被主人看到了！大事不好。"

编辑部：深夜听到哗啦哗啦的声音，想起来看看小猫在干什么，结果一开灯……

"一下子就安静了吧。"

编辑部：对，一下子就安静了。

"所以说，小猫也知道自己是在淘气。一看你开了灯，就知道大事不好！所以赶紧溜走藏起来了。

这时候肯定是躲在房间的某个角落里呢。这也是它们的一种转移行为 *。"

编辑部：哎呀！不是打翻了垃圾箱，就是踢飞了小垫子，就算它们藏起来，我也知道它们在淘气。

★ 转移行为，请参考 p.22、p.23。

Question 04 问

给它买了新零食，却被撒了一层沙子，难道这是不喜欢吗？

知 Answer

正相反，这是它们要收藏的意思。为了长期保存才会撒沙子。

"野生的猫科动物，大多数都不会一次性把食物吃完。对于剩下的食物，它们通常都会找地方藏起来，以便下次接着吃。在大自然中，用来隐藏食物的东西不是沙子，而是落叶和泥土。但不管用什么，道理都是一样的。

"此外，它们一定会在当天重返藏匿食物的地方。它们心里很清楚，这里藏了多少食物。比如说一只 3kg 左右的鸡，差不多分 3 次才能吃完。

　　"把食物藏在落叶和泥土下面的理由，应该是为了延缓食物腐败的速度。因为大自然中的微生物很多。如果把食物暴露在空气中，很快就会变质。驱使它们把食物藏在落叶和泥土下面的，应该就是生存本能吧。但这也确实有一定道理。

　　"还有一点，就是为了防范乌鸦。乌鸦特别擅长强取豪夺。你要是有兴趣可以用望远镜观察一下乌鸦，它们是一边飞一边观察地面情况的。也就是说，它们一边飞一边贪婪地望着地面上的食物。在高空中鸟瞰地面，也算是鸟类的独门本领了。"

问 Question 05

猫咪经常会闻另一只猫咪的屁屁，为什么？

Answer 和

这是为了进行个体辨认。只要闻闻味道，就能知道是否认识对方。

编辑部：难道不是对着鼻子互相闻吗？

"初次见面的小猫或好久不见的小猫，在稍微有点距离感的时候，才会闻屁屁。

"而对着鼻子互闻的小猫，都是那些刚刚见过面，没什么距离感的好朋友才会有的行为。

"对于这些熟悉的小伙伴，它们不会那么谨慎地深入调查。

"可爱的狗狗也是一样的。它们一定会通过嗅觉确认对方的身份。特别是屁屁周围有叫作肛门腺的臭腺，会散发出味道。而嘴巴周围也有类似的臭腺，所以闻鼻子也能确认身份。

"但即使是关系亲密的小伙伴，有时候也会闻屁屁的气味。目的同样是确认身份。要是把陌生人当成了好朋友，那问题可就大了。

"特别是刚从动物医院回来的时候，身上一定沾了其他小动物的味道。这时，家里的小伙伴肯定会对着它的屁屁仔细闻上一会儿。"

编辑部：真的不是因为屁屁上有便便，特别臭，才去闻的吗？

"不是的。"

问 Question 06

有的猫咪会朝刚睡醒的主人喵喵大叫，是有什么要求吗？

只有公猫才会这样吧。这是为了向周围宣告自己的存在。小猫的雄性吼叫行为挺难得的。

编辑部：小公猫大声喵喵叫的时候，应该心情不错吧。因为嗓子眼儿里总发出咕噜咕噜的声音。

"那是相当舒爽了。雄性吼叫的根源，来自对刷存在感的需求。也相当于占地盘的行为。叫声要是被翻译过来，大概是'我在这里哦'，今天心情不错的意思。

"一些犬科动物经常如此，但是猫科动物几乎不会这么做。除了几个大型的猫科动物以外，绝大多数的猫科动物都生活得悄无声息。特别是猫，会习惯性地隐匿自己的存在。

"毕竟单独在野外生活的时候，自己大叫一声招来了其他动物，根本应付不了嘛。"

编辑部：就是会喵喵叫的这只小猫，平时从来不让我靠近。

"这说明它身上的野性比较强烈。"

问 Question
07
猫撞到墙上以后，会像什么都没发生一样开始舔毛，难道它不疼吗？

疼啊。但是因为不好意思，只能用舔毛掩盖尴尬。人也一样，摔倒了爬起来，还不是会笑一笑。

"就算是猫，撞到了也会疼。只要不是特别严重的撞击，它们都会通过转移行为来舒缓自己的情绪。

"人也一样，摔倒了肯定疼，忍着泪站起来，还要装作什么都没有发生过。

"别人来关心，八成会笑着说没关系吧。但其实肯定不是没关系。虽然需要帮助，但面子上不好看，话就说不出口。

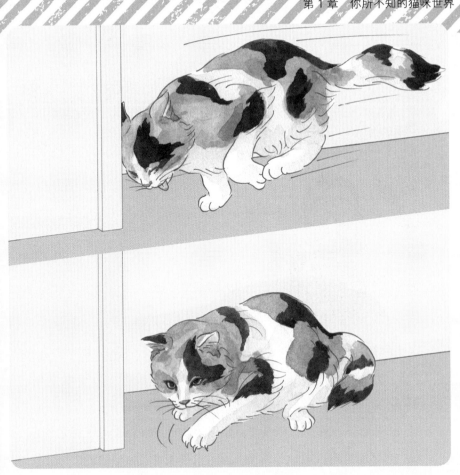

　　"小猫也一样，失败的时候，要通过转移行为，让场面不会过于尴尬。

　　"小猫其实也经常失败，比方说想要跳到桌子上，结果掉到地上了。这种时候就装作磨磨爪子、打打哈欠、舔舔毛、挠挠耳朵，掩盖失败带来的羞涩。可能这也能让自己比较好接受一点儿吧。

　　"还有一点，小猫也会试图忘掉自己的失败。"

问 Question 08

猫咪是那种经常会失败的动物吗?

Answer

小猫是独居动物,当然经常会面临狩猎失败的场面。要知道,它们在野外狩猎的成功率只有1%。

编辑部:那么低吗?

"是的。小麻雀落在地面上,蹦蹦跳跳吃东西。要是小猫想要抓到一只这样的小麻雀,10次里会有9次不能得手。

"但要是每次都心情低落,那可真的就活不下去了。所以只能把自己从失败的情绪里抽离出来,然后含着泪继续努力。"

编辑部:就是自我鼓励呗。

"正是如此。举个例子:我们会在开会的时候挠脑袋、抖腿、涂涂写写,或者有些其他类似的行为。

"通过这些行为,我们能缓解紧张。也就是说,通过完全没关系的行为来拯救紧绷的神经。

"这就叫作转移行为。猫也好,人也好,要是太过于在意失败,身体可扛不住啊。"

问 Question 09　猫咪为什么要隐藏疼痛？

因为在野外独居生活的时候，要是被敌人发现自己受伤或生病，很有可能被攻击。

编辑部：我听兽医说，就算是发现了猫咪生病，也往往已经来不及救治了。

"对呀，因为小猫要在野外独立生活，所以习惯性隐藏自己身体不适的情况。如若不然，就太容易被天敌攻击了。如果家里同时养了 3 只猫，而其中 1 只身体欠佳的时候，它就会忍着不暴露出来。"

编辑部：这可有点儿愁人。要是能早点儿发现猫咪生病，就能早点儿带它们去看医生了。

"这种行为，有时候也有一定优势。对猫咪来说，要是撑不住了，就真的大限将至了。"

编辑部：如果这样，就只能拼命给猫咪加油啦！

"对于主人来说，最重要的就是日常留意观察了。比方说食欲有没有下降，玩耍时是不是精气神十足，睡觉的地方跟平时相比有没有变化等。只要多观察，还是能及早发现异常的。"

问 Question 10 对猫咪来说，最不好的东西是什么？

Answer 和

是精神压力吧。精神压力会缩短寿命，这一点无论是猫还是人都一样。压力可真不是什么好东西。

编辑部：对猫来说，压力的来源是什么呢？

"首先，就是人类让猫看到了外面的世界，却又不让它去外面的世界闯荡。如果小猫从来没有领略过广阔天地，永远生活在室内，倒是还好。毕竟它根本不知道外面的世界多精彩。但只要它们出过门，就会知道外面的精彩。从此就再难安顿好躁动的心。"

编辑部：是啊，我不给它开门，它就会尝试着自己去开门。

"对，就像您了解的这样。只要它们领略过外面的世界，就总是想出门转转。如果不能轻易出门，就会产生非常强烈的心理压力。

　　"另外，压力还有可能来自过度干涉。比方说小猫已经表现出不情愿了，还要强迫它们做某些事。

　　"还有地盘不稳定的问题，也会让小猫心神不宁。"

　　编辑部：所谓的地盘不稳定，是指家里来了其他的小猫吗？

　　"这只是其中之一。要是家里有合不来的小猫，那肯定会造成压力。说到小猫之间能不能合得来，那八成跟气味有关。无论是亲子，还是兄弟，只要身体的气味跟自己完全不同，就会本能地从心里不喜欢对方。

　　"再有就是猫砂盆、猫床、猫粮得不到保障的情况。这也可以算是一种地盘不稳定的状态。"

问 Question
11
家里养了3只猫，其中1只超级喜欢舔塑料袋，是不是应该制止这种行为？

Answer

这可不是什么好习惯。塑料不能被消化掉，吃进肚子有可能造成肠梗阻。

"猫喜欢舔塑料袋或者啃塑料袋，多半是因为喜欢那种触感。哗啦哗啦的触感，对小猫来说可能挺舒服的吧。但是，最好不要让小猫这样做。因为要是把塑料袋吃进肚子里，它们是消化不了的，很容易造成肠梗阻。

"要是不小心吃进去，能吐出来或者排泄出来倒还好，要是排泄不出来，就需要通过手术来疏通闭塞的肠道。

　　"要是让小猫接触了塑料袋，恐怕很难再阻止它们的这种行为。反而玩儿塑料袋的这种行为，有可能会帮助小猫释放压力。

　　"要是野猫的话，它们可是什么都吃。除了小动物的肉以外，野猫还会吃稻科的草本植物。因为这些植物能帮野猫把无法消化掉的毛球一起吐出来。这就是大家都知道的猫草。而对于家猫来说，日复一日吃猫粮，也肯定会吃腻的。所以我们在家，也可以适量喂食猫草。毕竟野猫也会吃这种东西。

　　"养猫的人家，尽量好好保管塑料袋吧。如果实在没办法，就尽量保证小猫能接触到的塑料袋的材质都是撕不破的。"

问Question 12 两只小公猫总是跑到水龙头那里喝水，为什么？

小猫肯定是觉得不可思议，这种地方怎么会出水呢？

"对于小猫来说，水是一种神秘的东西。能发光、会动，但是却怎么也抓不住。所以它们会觉得水龙头里冒出来的水充满了神奇的吸引力，忍不住想要尝尝看。"

编辑部：这两只小公猫中，比较年轻的那一只喜欢伸爪子去摸水，就连小爪子打湿了也不管不顾。然后一口气跳到地上，弄得家里到处湿乎乎的。

"这说明它的好奇心旺盛。我们人类的婴儿也会拼命尝试抓住水。也就是说，所有的小朋友都喜欢玩儿水。小猫要比小孩儿的好奇心更加旺盛，会用小爪子尝试着接触各种各样的东西。就算浑身湿透也在所不惜。"

　　编辑部：等它们慢慢长大了，了解水的性质了，这种行为就会停止吗？

　　"对啊。无伤大雅的事情，就不要管它们了。"

　　编辑部：它们要到多大才会停下来啊？

　　"差不多要到 2 岁吧。"

　　编辑部：真是头疼啊。希望它能早点儿放弃这种爱好。

问 Question 13　猫咪是色盲吗?

Answer

我们没办法找小猫来做实验。所以味觉能力也好,视觉能力也好,都是人类单方面想象的结果。

"如果是小狗,我们可以通过训练教会它们'汪汪'来回应我们,所以人类能带着小狗做实验。'看到颜色了吗',看到了,就回答'汪汪'。相对来说,这种训练比较容易。可是小猫根本不会配合人类的想法!做实验这种事情几乎是不可能的。

"我可以告诉你,小狗应该可以识别出蓝色。但是小猫拒绝配合,所以我并不了解它们到底能不能看到颜色。"

编辑部:我听说小猫分辨不出绿色。

"确实,大家都说小猫看不到绿色。但这也只是我们的猜测。"

编辑部：要是动起来，应该可以看到吧。

"虽然能看到动态物体，但也不见得就能分辨出颜色。猫的动态视力比较好，就算苍蝇快速地飞来飞去，在小猫眼里也不过是慢放的节奏。对于那些运动神经卓越的动物，都有把对方的移动速度进行慢放的能力。这也是为什么小猫能抓住飞着的苍蝇的缘故。"

问Question
14

听说狗狗都有回家的本能，猫咪也有吗？

猫也有回家的本能。它们一心想要回到自己的地盘。

"假设你带家里的小猫出门旅行，然后它在途中逃跑了。这时候，小猫比你还更想赶紧回到自己的地盘呢。但是，它自己找不到家，也无法回去。大多数的时候，这种小猫就会变成小野猫。

"在日本，有记录显示曾有一只小猫从富山回到了神奈川平冢的家里。要知道，两点之间的距离大概有320km。这只小猫在前往富山旅行的路上走丢，凭借自己的洪荒之力，耗时3年才回到家里。

"但是，因为这只小猫身上并没有种植芯片，主人也只知道是只小黑猫，并不能确定是不是自己家走失的那一只。

"不管怎么说，小猫非常重视自己的地盘，有强烈的主权意识，所以历尽千辛万苦回家的可能性很高。当然，这一切的前提是，小猫没有迷失方向。

"虽说小猫有回家的本能，但现在大多数的小猫都在室内生活，一旦外出很有可能就再也找不回来了。而且即使找回来，也仍然会向往生机勃勃的大千世界。所以主人轻易不要让小猫出门。"

15 猫咪为什么有高超的探查能力?

Answer

因为它们很聪明,可以通过对方的动作,预测下一步的动向。

"小猫能对短期内发生的事情进行预测。这可不是说小猫可以提前知道明天的事情。只不过是它听到了什么声音,能判断出'有人向这边来了'等情况。

"说到这里,我想起来一个有意思的小故事。据说伦敦的小野猫会在中午 12 点的时候准时聚集在一家店铺前。因为这家店铺是一间肉铺,这家店主每天中午 12 点都会开始切肉,然后会把切下来的碎肉喂给旁边的小野猫。

"开始,大家以为小猫懂得看表,才能每次都那么准时出现。但其实是因为它们在远处听到了店铺开门的哗啦哗啦声。

"因为小猫的耳朵灵敏,所以能很快地捕捉到肉铺开门的声

音，才会赶到店门前等肉吃。

　　"也有小猫会迎接主人回家。但如果主人从来都不给小猫带任何东西，那么它也就渐渐不再靠近了。这是因为小猫根据经验，预测到即使迎上前去也没什么好事发生。"

问 Question 16

猫咪的记忆力好吗？

Answer 和

猫咪的记忆力非常好，而且特别擅长记住那些讨厌的事儿。虽然，也能记住些开心的事儿。

"在猫的记忆中，最近一两天发生的事儿通常都会忘掉。但是开心的事儿和那些讨厌的事儿，还是会牢牢记住的。

"倒不是说念念不忘，但真有些事儿会让它们记一辈子，特别是那些不开心的回忆，只有牢牢记住，才能在下一次察觉到危险的时候及时逃开。对小野猫来说，这一点再重要不过了。这与生存本能有关，与经验学习有关。

"所以，小猫通常能记住一些意外的场景或奇怪的事情。比方说，小猫看到外出用的猫猫包就会躲起来。因为它记得上次被装进了猫猫包里，然后就被带到了宠物医院。

"说到这里，猫咪其实和人类一样，它们能记住很久以前的糟糕经历，却忘掉了昨天的晚餐。

　　"还有就是开心的回忆。虽然不会持续很久，但也能在脑海中保留一段时间。"

　　编辑部：就好像我一打开猫罐头，小猫就会聚集过来一样吗？

　　"要是你每周都能喂它们 2~3 次猫罐头，它们会记得更清楚的。这种短期记忆力，小猫要比小狗厉害一点儿。"

Question 17

猫咪会感到寂寞吗?

Answer

不会的。要是会感知寂寞,野生动物就没法生活了。

"家猫是不会觉得寂寞的。自己在家留守的时候,它们会乐得享受自己的岁月静好。反正那个叫主人的笨猫*也不在家。

"小狗是会感到寂寞的。因为小狗本来就是群居动物。而小猫在野生环境里也是独居,所以完全不用担心把它们自己留在家。对小猫来说,自己留在家里,要比被强行带出门更幸福。"

编辑部:有时候我晚上回家,会发现家里乱成一团。那不是因为我不在家,它们感到寂寞,才闹腾出来的吗?

"好不容易自由自在了。多嘴多舌的笨猫(主人)也不在家。小猫会利用这个机会把平时碰不到的东西调查个底儿朝天的。小猫的好奇心旺盛,主人要是不在家,小猫一定会来一场肆无忌惮的大冒险。"

　　编辑部：我以为它们在家就只是睡觉呢。原来不是那样啊，明白了。

　　"它们可不会一动不动的。小猫可是探险家。"

★通常，小猫会把主人当成大个头的笨猫。详见 p.82。

问 Question
18

猫咪喜欢在门框上、窗帘盒上那么窄小的地方走来走去，看得我触目惊心啊！

和 Answer

小猫就喜欢这样。走在上面应该挺舒服吧，毕竟有种君临天下的感觉。

"确实，有的小猫偶尔会掉下来。但是，就算从门框上掉下来，那种高度也没什么问题。"

编辑部：站在门框上，小猫会觉得高兴吗？

"与其说高兴，不如说它们享受那种漫步的感觉。没有人打扰，而且居高临下，心情会不错。

"但是，小狗是不会爬到那么高的地方的。"

编辑部：我家年纪最大的小母猫，总会跑到高处溜达，就是这个道理吧。

"应该是吧。身在高处，通常占据优势。而且俯瞰全家的动态时，心情也挺愉快的。"

问 Question 19

家里养的猫，会很凶地对室外的鸟儿大声喊，这是有什么意义吗？

❀Answer

因为不能飞奔出去追赶小鸟，就用大叫的方式释放心中不悦。是一种释放压力的行为。

"就是因为鸟在外面，自己在屋子里，小猫才会叫。要是它想接近猎物，才不会出声呢。因为一出声，猎物就跑掉了。其实小猫是想靠近，又不能过去，所以才万般无奈喊了出来。"

编辑部：明明出不去，冲着外面大叫，像小傻瓜一样。我有时候就会弄点噪音，把小鸟赶跑。

"这可不太好。要考虑一下小猫的情绪。它们通过大声吼出来，能让郁闷的情绪得到缓解。所以给它们点儿空间吧。"

编辑部：总让小鸟在周围转悠，也不太好吧。

　　"小猫和小鸟是一对欢喜冤家。有可能小鸟是特意过来的呢，心里想着那家有只不会攻击我们的猫。它们可能也有一种默契了吧。小鸟就算停在阳台的栏杆上，小猫也只能望'鸟'兴叹。小鸟可能会觉得幸灾乐祸，但是对小猫来说，就是刺激了。"

问 Question 20
睡觉的时候，有时身体会抽动，这是做梦了吗？

Answer

身体抽动可能是小猫处于浅度睡眠。通常，人也会在浅度睡眠的时候做梦。所以很多学者都认为小猫也同样是在做梦。

"小猫也有浅度睡眠这一说。这是一种大脑清醒，但身体尚未醒来的状态。但是这时候，唯独眼球在转动。在这种状态下，人会做梦。除了人类以外，小猫、鸟类，还有其他一切哺乳动物都会经历浅度睡眠。

"长颈鹿只有浅度睡眠。因为它们平时也不怎么会用到大脑，只要站在那里发呆就行了。无所事事，站着发呆，要是人类也这样生活，会被批评得体无完肤吧。

　　"牛、马都可以站着睡觉。这种时候是处于浅度睡眠的状态。如果你仔细观察，就会发现这时候它们的眼睛紧闭，但是会有一条腿稍微弯曲地休息。而且它们的 4 条腿还会轮班休息。等所有的腿都休息到了，差不多它们也会睡醒了。

　　"但小猫不一样，要不然怎么叫它们小懒猫呢。每天小猫要睡 8~10 小时，跟人类差不多。这期间，也会经历浅度睡眠和深度睡眠的过程。"

问 Question 21　猫咪只有在焦躁的时候才摇尾巴吗？

Answer

　　小猫在对什么感兴趣的时候、希望得到注目的时候，都会摇尾巴。除此以外，摇尾巴还有很多意义，让我们一个一个来说明吧。

　　"很多关于小猫的书里，都介绍过猫尾巴摆动的事情。毕竟我们能从尾巴上了解到小猫当下的情绪。从几个基本方面来说吧。

· 激烈地左右摇摆 = 焦躁不安。

· 缓慢地左右摇摆 = 感兴趣、希望获得关注。

· 笔直竖立 = 危险警戒！

· 直立向上并微微摇动 = 高兴。

· 毛竖起，尾巴变粗 = 正在生气。

· 自然下垂 = 平常心。

· 紧紧贴在身体上 = 恐怖。

· 夹在后腿中间 = 警戒。

"另外，在小猫跳跃的时候，或者奔跑的时候，尾巴会起到保持身体平衡的作用。对于猫妈妈来说，尾巴也是陪伴小猫玩耍的'猫棒'。在猫妈妈带着自己的孩子出门的时候，尾巴也会笔直地竖立起来，这个作用就像导游举的旗子一样。

"对于小猫来说，尾巴不仅能反映当下的情绪，也具备不同的功能，属于重要的身体器官。"

问Question 22 【热议】去势手术以后，猫咪就不会随地小便了吗？

Answer

虽然频度会变少，但不会完全改善。小母猫会比小公猫好一些，但偶尔也会有这种行为。

针对这个问题，家里养了3只猫的编辑部代表与今泉老师进行了激烈的争论。对于争论的内容，我们稍后再说。首先，请今泉老师介绍一下浇尿的行为是怎么回事儿。

"浇尿的行为，是为了占地盘。小动物们为了圈出自己的领地，要在领地边界上做出标记。浇尿的行为，跟正常小便不一样。正常情况下，小猫都是坐姿排泄，但浇尿的时候是站着向斜后方喷射的。

"这种尿液中，含有少量油脂成分，如果在室外，能喷射地面的落叶上。这样一来，即使下雨也不会被冲走，味道能保留很长一段时间。

"即使做了去势手术，小公猫和小母猫也都会继续进行这种浇尿的行为。次数肯定要比手术之前少，但难免在发情期春心萌动。"

这时候，家里养了 3 只猫的编辑部代表出其不意地说了这么一段话。

编辑部：我到现在为止，都没见过我家的小猫浇尿。

问 Question 23 从来没见过我家猫咪随地小便，是不是有些猫就是这样？

Answer 和

我想，没有不浇尿的小猫。只是主人没注意到而已。

编辑部：哦？没有吧。在这3只小猫之前，我也养过没做去势手术的小公猫，从没见过它们浇尿。

"没有不浇尿的小猫。"

编辑部：哦，真的是这样吗？

"没听说过。"

编辑部：家里也没有味道啊。

"喜欢猫的人觉得小狗臭，但喜欢小狗的人会觉得小猫有味儿。"

编辑部：小狗就是臭嘛。

"喜欢猫的人，感觉猫的味道是香香的。"

编辑部：我家小猫就是香香的。

"你看，就说你闻不出来臭味嘛。"

编辑部：嗯……

"而且你已经习惯了，就闻不出什么气味了。"

问Question 24 家里来了新猫的时候，原住猫曾经在洗碗盆里小便，为什么？

Answer

这是小便失败。它在控诉对新来的这只小猫的厌烦。

"在洗碗盆里小便，可真是令人头疼。小猫应该是想通过这种方式，强烈表示自己不喜欢新来的小猫。"

编辑部：我还要抚摸着原来这只小母猫的后背，哄它说"没关系，没关系"。

编辑部助理：后来没在洗碗盆里小便过吧？

编辑部：没有，就那么一次。

"适应以后，关系融洽了吗？"

编辑部：没有，它开始欺负新来的小猫了。

"啊！"（有点儿恍然大悟地叹了口气）

编辑部：它是觉得，自己是女王吧。

"确实是女王。但是不浇尿这件事儿，还真是不可思议。"

问 Question 25 听说杂种猫比纯种猫长寿，是这样吗？

Answer

从遗传因子多样性的角度出发，应该是这样的。但实际的统计结果并不能推导出这个结论。

"杂交小猫的身体里，具备更多样化的遗传基因，所以先天性疾病比较少。从这种意义上说，杂交小猫确实应该更长寿。但是，我没有针对纯种小猫和杂交小猫进行过寿命比较分析，所以不能对结果妄自断言。

"但我认为，日常饮食和生活环境对小猫寿命的影响更大一些。我看过喂小猫吃拌黄瓜的主人，要是只喂黄瓜吃，小猫怎么可能长寿呢？"

编辑部：最近杂交小猫不太好养。

"在城市里，有很多小动物收留中心。那些地方有很多杂交小猫在等人领养。"

编辑部：收留中心也要考核主人的条件吧。不符合条件的人，是不是没有领养资格？

"但其实杂交小猫才更贵重些。"

问 Question 26　长毛猫和短毛猫的性格有差异吗?

Answer

小猫的个体差异很大，不能一概而论。

"每只小猫都有强烈的个性，所以不能单纯从长毛短毛、颜色花纹、品种个头等方面判断性格。"

编辑部：那长毛猫是不是不耐热，但是耐寒?

"确实有这样的倾向。

"但就性格方面来说，没有数据可以证明长毛猫和短毛猫的性格有明显差异。"

编辑部：长毛猫和短毛猫，哪种更喜欢撒娇?

"说不好哪种更喜欢撒娇。但是长毛猫性情比较温顺柔和。这也只是一个大体方向。

　　"长毛猫原本不是自然界中自然进化出来的品种。小猫通常都是短毛、活泼的，不知道为什么忽然发生了变异，才出现了长毛的遗传基因。但这个影响毛发长度的基因，并不能对性格产生什么影响。

　　"这就像我们经常说的，白猫性格温柔一样。

　　"长毛白猫的毛发很容易被弄脏，所以只有性格温柔的白猫生存了下来。"

问 Question

27 长毛猫难以生存吗?

Answer

不太好生存。所谓的长毛猫品种,就只有猞猁一种。其他都是短毛品种。

编辑部:雪豹算不算呢?

"雪豹虽然是长毛动物,但是看起来并不像。因为每到夏天,它们就会褪掉长毛,换一身短毛。而猞猁即使夏天换毛,看起来也是毛茸茸的。

"夏天的时候,雪豹看起来消瘦很多,其实就是毛变短了。大山猫也是一样的,越是冬天,毛发越蓬松。

"就算是家猫,长毛品种也不太容易生存。我们知道它们性情温顺,那是因为一旦发脾气就会把毛弄得乱七八糟的。

"而且,它们的毛发更容易结毛球,需要频繁梳理毛发。

"所以,饲养长毛猫的家庭,主人一定要定期给它梳毛。短毛猫就不需要。"

问 Question 28 为什么大自然中会出现波斯猫等长毛猫?

也没什么特别的理由。就是大自然中忽然发生了遗传基因变异的情况。

"据说，波斯猫起源于阿富汗高地，那里寒冷而干燥。在那样的环境中，显然长毛猫要比短毛猫有生存优势。

"然后，随着长年累月的近亲交配，遗传基因更加容易发生变异。猫本来都是短毛品种的，起源于古埃及沙漠地区。后来，因为它们能帮人类捕捉老鼠，让人类免受粮食灾荒，而成为贵重的家畜。从古埃及时代开始，人类就已经在有意识地驯化和饲养小猫了。

"在当时猫属于贵重的动物，不允许出口。但还是被腓尼基人走私了出来，其中一个目的地，就是波斯。这些走私而来的小猫非常珍贵而稀少，所以只能跟本土小猫进行交配。由此才诞生了波斯猫。"

问Question 29

据说长毛猫（土耳其安哥拉猫）起源于土耳其安哥拉，就是现在的土耳其吗？

知Answer

　　从地理位置上来说，离得不远，很接近当时的波斯。它们应该就是在那一带繁殖的吧。

　　"最初被走私出来的猫，贵重到不能随便摆出来给别人看。据说那时候要是拥有一只走私而来的猫，主人只能金屋藏娇一般供养着。所以很长一段时间里，小猫的生活圈仅仅局限于波斯地区。

　　"暹罗猫也是在这段时间出现的。它们经由印度来到了泰国。"

　　编辑部：波斯猫和暹罗猫看起来简直天差地远啊！

　　"对，它们看起来完全不一样，但都经历了类似的状况。都是近亲交配的产物。

　　"但据说，当时欧洲大地上并没有盛行养猫。当小猫跨越了罗马帝国，终于来到欧洲，抵达英国的时候，英国人气最旺的家畜是雪貂。

　　"当时，大家都说雪貂就能捉老鼠，小猫根本就没什么用。"

在日本，有证可查的记录是奈良时代。据说是从中国渡海而来的。

编辑部：最早来到日本的是哪种猫啊？

"记录显示，应该是一只短毛黑猫。据说，在《宇多天皇记》里面有相关记录。当时，人们给小猫起了一个'唐猫'的名字。有人说，既然被命名为'唐猫'，那想必应该也会有'和猫'。那么，在此之前日本就应该有了猫这个物种。

"我不清楚当时的情况，但听说前段时间壹岐岛附近发掘出了猫化石。所以现在人们都在讨论，是不是早在弥生时代开始，日本本土就已经有'和猫'了。如果真是这样，很有可能是在当时作为家畜从朝鲜半岛引进过来的。"

编辑部：当时正好日本也进入了农业社会，肯定需要有小猫来捉老鼠吧。

"应该是这样。"

据说在地上画个圈或者有个空盒子，里面就会长出一只猫。为什么猫咪喜欢钻进这样的空间里呢？

和 Answer

因为那是自己的领地啊。在空荡荡的房间里，总要有一个属于自己的空间。

"人类也是这样。当我们身处体育馆那种空旷的地方，是不是也会集中在角落里或墙边呢。我们很少选择站在空地的正中间吧。

"小猫也是一样，需要有个能让自己安心的地方。这个地方，哪怕是地上的圆圈或者是一张纸也好。

"就算是主人随便扔在那里的一件衣服也行。只要有这么个物件，小猫就很想要坐在上面，毕竟这样的小物件能带来安心感。

"但不是所有的小猫都会跑进地面的圆圈里。相反，大多数的猫是不会进去的。我们在媒体上看到的，都只是端坐在圆圈里

的小猫的图片或视频，这多少有些偏听偏见了。我也曾经在那种拍摄现场观察过，摄影师会因为小猫怎么也不配合发愁。"

　　编辑部：我在家看报纸的时候，小猫经常跑来坐在报纸上面。这也是一个道理吗？

　　"可能是这样，也可能有别的含义。说不定小猫很想让主人宠溺一下自己，就特意跑过来捣乱。大多数的原因，都是后者。"

32

尾巴弯曲的猫，真的就是幸福的猫吗？

Answer

知

猫咪尾巴弯曲是由囊肿等疾病造成的。我解剖了2只弯曲尾巴的小猫，2只都是这种情况，所以不会错。我家里还有标本呢。

"猫咪的尾巴弯曲是因为骨头里面出现了囊肿，导致尾巴没办法伸直。

"尾巴弯曲的小猫，在长崎和一些西日本的港口比较常见。大家都说它们象征着幸运，但其实它们都是小病号。因为这种情况在港口城市多见，所以很有可能是东南亚地区的某种疾病。也许船舶抵达港口的时候，也带来了携带病毒的小猫。

"但所谓的囊肿，也就是关节炎。

"尾巴虽然弯曲，但不会致死，也不会转移到肺部等其他器官。"

编辑部：小猫自己不会觉得不舒服吗？

"自己也知道不太对劲儿吧。摇摆起来吃力，没法抒发情绪。毕竟小猫的尾巴是表情窗口。

"归根结底，尾巴弯曲的小猫，并不是什么幸运猫。如果说尾巴弯曲的小猫少见，所以珍贵，那三花的小公猫也一样珍贵。"

问 Question

33 主人应该如何判断小猫是否出现身体不适呢？

最直观的反应，就是呕吐。除此之外，还有屁屁不干净、眼屎多、耳垢严重等情况。情况严重的话，小猫浑身都会沾满污垢。

"最需要注意的，应该就是呕吐的具体情况。毕竟，小猫吃了猫草会吐毛球，小奶猫也会经常呕吐，这些都不是大问题。但如果频繁呕吐，还是应该尽快去宠物医院就诊。

"频繁小便，也是一个需要及时关注的问题。小猫很容易出现膀胱炎等尿道系统疾病。

"身体上的污垢，是一个比较明显的危险信号。

"屁屁上的污垢、眼屎或耳垢，都表示小猫身体欠佳。因为只有身体不好的时候，小猫才没力气给自己舔毛。

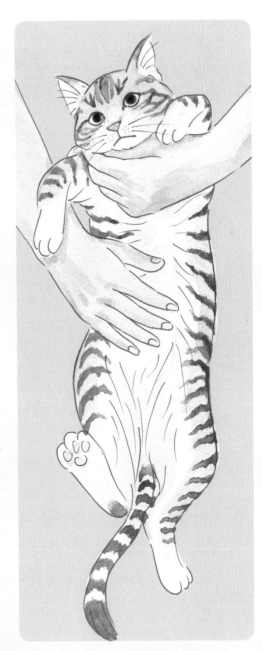

　　"另外，如果抚摸小猫身体时，它表现出不悦或疼痛的状态，那就说明这里可能受伤或生病了。所以主人和小猫之间应该建立起可以抚摸身体的亲密关系。要是平时摸摸都没关系，忽然发现小猫不喜欢被碰，那就一定是有问题了。"

Question 34 我家猫喜欢仰面朝天睡觉，这样可以吗？

这说明小猫放心大胆在睡觉。不用管它。

"野生的小猫是绝对不会露出肚皮睡觉的。因为它们要随时防备天敌的进攻。

"而对于家猫来说，如果家里有陌生人，它们也不会露出肚皮睡觉的。只有在它们心情绝对放松的时候，才可能出现这种睡姿。还有一种可能，就是实在太热了。"

编辑部：我家的猫是长毛猫，那应该更怕热吧。

"可能是这样的。如果小猫觉得冷，会团起来睡觉。开始的时候把肚子包裹在里面，团成一团。等暖和起来了，才能慢慢放松身体，甚至露出肚皮。

"对于小猫来说，肚皮是紧要部位，轻易不要触碰。要是它们突然野性*发作，没准儿会咬你一口。"

★野性，是指一种野猫的状态。详见 p.80。

Question

35

我家猫会把脸埋进前爪里睡觉，这是头晕了吗？

这应该是家里的光线太刺眼了。

编辑部：我在家里的客厅看电视的时候，年纪最大的小母猫肯定会在旁边的椅子上睡觉。这时候，它肯定要把头埋进前腿里面睡。

"这应该是因为家里的光线太强了。对于小猫来说，荧光灯的光线特别刺眼。"

编辑部：要是这样，去别的暗一点儿的房间多好啊。

"我想小猫肯定更想待在你的身边。或者，你旁边的这把椅子睡起来更舒服。

"尽管刺眼，但更倾向于选择舒服的地方睡觉。还有一种可能，就是自己想要睡觉的地方，被别的猫抢了。要是小猫总在固定的地方睡觉，说明这是它最喜欢的地方。小猫生性散漫，会根据当下的心情随机选择睡觉的地点。可以在家里多准备几个小猫能睡觉的场所。"

问 Question 36　猫咪的视力非常不好吗?

虽然善于分辨动态物体，但是分辨率不高。

"正因为这样，小猫才会伸长了脖子确认对方的位置。

"这也是为什么，如果路遇野猫，只要闭上眼睛小猫就看不到你了。因为在小猫的眼睛里，你的身形已经与周围的景色融为一体了。听说，人只有睁开眼睛，小猫才能识别出来。要是忽然被野猫袭击，请站住别动，这样野猫就看不见你了。"

编辑部：眼睛睁开，就会被发现?

"小猫能看见人的眼睛，然后通过眼睛的位置判断你的位置。特别是在黑暗的环境中，人的眼白非常醒目。在动物当中，只有人才有眼白。"

编辑部：哦，原来是这样啊!

"马也会在害怕或紧张的时候露出眼白，小猫很容易分辨。"

猫咪牙齿掉了怎么办?

家猫的话，没有牙齿也能好好地活着。

　　编辑部：我家的小母猫得了牙周炎，牙齿松动了。听说是先天性的，没什么医治办法。要是牙都掉了可怎么办?

　　"猫的牙齿，基本上是用来捕捉猎物、啃食食物的，一共有30 颗。犬齿用来咬猎物，前齿用来叼住小一点儿的猎物或者整理自己的毛发，臼齿用来咀嚼食物。

　　"家猫的话，不需要捕捉猎物，所以没有牙齿也能活。市售猫粮的颗粒，一般都大小适中，小猫稍微嚼一下就能咽下去。即使不嚼，也没什么关系。但如果是野猫，牙齿是生存下去的必备武器，没牙可就不好过了。"

问 Question
38
猫爪内侧的肉垫是主人的心头好，但对猫咪来说，有什么作用呢？

Answer

防滑、消音、缓解冲击，有很多功能。

"猫几乎没有汗腺，只能通过喝水、在阴凉处休息来调解体温。小猫身上唯一能出汗的地方就是肉垫。但是，肉垫出汗的目的并不是要调节体温，而是用汗液来防滑。小猫紧张的时候，肉垫会分泌出些许汗液，这就是为了起到刹车的作用。"

编辑部：我家小猫是长毛的，脚底也有毛。关键时刻总是刹不住闸，时不时就撞到墙上。

"等它慢慢学会速度感，就能知道怎么调整自己的速度了。

"肉垫的第二个功能，是用来缓解冲击和静音的。我们都说小猫像忍者一样，悄无声息，这都要归功于肉垫的吸音功能。而且，小猫从高处跳下来的时候，肉垫也能帮助它们缓解冲击力。"

Question 39

问

猫咪的小肉垫，可是能治愈我的部位啊，为什么？

Answer

答

对人来说，确实是这样。

编辑部：以前，我家养的小猫去世的时候，我们把它送到了宠物火葬场火化。之后，火葬场的人建议我，不要把火化以后的肉垫放进骨灰盒里，而是装进小布袋中单独保管。

"肉垫部分的骨头？"

编辑部：是的。但是小猫活着的时候，我每天都要揉揉它的小肉垫，感情太深厚了。所以没敢单独留出来。

"小猫其实不喜欢人类触摸自己的肉垫。肉垫要用来防滑、消音，还要用来洗脸，是很重要的部位，小猫并不喜欢被别人触碰。你家小猫还真是很让着你啊。"

编辑部：所以说肉垫很能治愈我。

"小猫可就难受了！"

问Question 40

杂志上说，猫咪的头脑要比狗狗聪明，是这样吗？

差不多吧。但是我并没有严谨地比较过。

编辑部：没有人说过，小狗比较聪明吗？

"小狗看起来比较聪明，因为它们总是活泼开朗，还很乐于接受人类教给它们的事情。"

编辑部：开朗？

"小狗，对于人类的呼唤永远不会厌烦。算是有求必应。就这一点来说，高冷沉默的小猫就做不到。所以小狗看起来要聪明一些。

"但其实，它们应该差不多吧。毕竟它们各自大脑的重量，都占到体重的1%左右，没什么区别。

"以此类推，它们的智商也应该差不多。实际上，我们认为小猫也好，小狗也好，都是通过人类的声音、语调来理解语言的意义，貌似它们都能理解200多个词汇。记忆力水平也相差无几。说到底，小猫、小狗都挺聪明的。"

猫狗能和平相处吗？

要是从小一起饲养，就有可能
和平相处。

"要是小猫和小狗从小一起长大，它们就会认为对方就是自己的同伴，差不多是兄弟情谊吧，当然，关系会很好。很多家庭，都能同时饲养小猫和小狗，它们的关系都不错。

"但是成年猫狗就不太容易一起饲养。要是成年犬和猫幼崽，倒是有可能顺利过渡到和谐关系里。这种情况，多半取决于小狗的性格。毕竟小狗身型较大，如果再具备一些攻击性，就很难确保小猫的安全。要是包容力比较强的小狗，大概都能和谐相处。

"反过来的情况，就几乎不可能和谐了。成年猫要是小时候跟小狗一起生活过还好，就怕小猫完全没有接触过小狗，那么小狗的到来就会成为它生活中巨大的压力。小猫沉默寡言，受不了成天汪汪叫的小狗。"

问 Question
42

有篇报道说狗妈妈养大了一只小虎崽儿，这是真的吗？

Answer
和

这是真的。因为人类在小老虎的身上蹭上了狗妈妈的气味。

"当时，人们取来狗妈妈的小便样本和大便样本，蹭到了小老虎身上。这样一来，小老虎身上的气味，就跟狗妈妈身上的气味一样了。当然，狗妈妈的鼻子要比我们人类灵敏1亿倍，所以也是用力嗅了好久。或许狗妈妈也觉得气味有那么一点儿不对劲儿，但也没发现哪里有问题。

"通常，这种情况都要选择正在喂养小狗宝宝的狗妈妈才行。当狗妈妈感到涨奶的时候，只要有孩子喝奶就行了，它也顾不了许多。

"在动物园，曾经有游客动手抚摸了刚出生的小羊羔，结果羊妈妈就再也不给小羊羔喂奶了。没办法，工作人员只好把羊妈妈的大便和血液抹到了小羊羔的身上，再把小羊羔塞到了羊妈妈的乳房下面，羊妈妈才开始非常勉强地给小羊羔喂奶。动物都是用气味来做判断的。"

43
家里的猫虽然一直生活在一起，但关系却一直不融洽，为什么？

Answer

如果第一印象不好，以后就很难和谐相处了。

编辑部：我们家里，就算努力培养猫猫们的感情，也无济于事了吧？

"勉强培养的话，估计你家就会变成一锅粥了。小猫之间能不能好好相处，在它们第一次见面的时候就决定了。以后再怎么长相厮守也不会发生变化。特别是两只小猫年纪相仿的话，就更难办了。

"我们在别的话题中也提到过，小猫会有视同行为，也就是说，它们会以为对方跟自己是同一种动物。但伴随着它们的年纪增加，认知能力提高，这种视同行为也会逐渐减退。小猫即使长大，也可以跟小时候的玩伴和平相处。但如果成年猫忽然面对一只年纪相仿的猫咪，就难说了。

"不知道为什么，视同行为只有在刚刚出生的时候开始培养才有效。对于你家的两只小猫，还是分开各自的生活领地吧。"

Question 44

如果小猫从小就跟鸟儿在一起生活，长大以后能把鸟儿视为好朋友吗？

是啊，它们就是这样的。

"小鸟当然是这样。就连鸟妈妈和鸟爸爸也一样，如果它们从小就跟小猫一起玩耍，那么它们会一直把小猫当成家人的。

"小猫、小狗也是这样的，小动物们都会有这种视同行为。

"所以你要是看到相亲相爱的小猫和小鸟，千万别觉得不可思议。"

编辑部：从小没跟小鸟在一起玩儿过的小猫，长大以后会吃小鸟吗？

"会有这个可能。但大多数情况下，小猫扑小鸟也有卖弄的成分在里面。就像淘气一样，反正不是玩儿，就是吃。

"知道小鸟能吃的猫，会吃掉小鸟。不知道的小猫，就扑着玩儿。

"因为猫妈妈没有教过小猫如何杀小鸟、吃小鸟，所以只能是这样扑着玩儿了。"

第 2 章

正好好地撒着娇，怎么忽然咬人！

为什么主人摸它的时候看起来那么开心，之后却要马上舔毛？

难道是讨厌吗？

真想问问小猫到底是怎么想的。

我的猫，
是怎么看待我的？

向老师请教一下！

问 Question
45
刚才还在跟我撒娇，转头就咬了我一口，为什么？

小猫的心情分分秒秒都在变。可能一瞬间，它的状态就从家猫变成了野猫。

"它可能忽然觉得有人在捅它的肚子吧。经常有这样的事儿发生。小猫心情变化的间隔特别短，一两秒之间，可能就完全不一样了。

"另外，小猫身上毕竟还残留着野性。要是没有野性，它们原本就生存不下来。

"小猫这种动物，原本是野生的。在被人类驯服成家猫的过程中，它们发现要是一直充满野性，就要不到猫粮吃。所以，才慢慢地让自己变温顺，会撒娇，这样才能要到猫粮。

　　"就算这样，小猫身上的野性也没有完全消失，时不时也会冒出来露两手。如若不然，它们也不会捉老鼠啊。小猫的这两种天性共存，只能偶尔切换一下模式。 也就是说，小猫需要在家猫和野猫的模式下频繁切换。

　　"而且，小猫有时候会像成年人，有时候又会变成孩子。这两种状态也会频繁切换。比方说，小猫会像个大人一样照顾人类的孩子，也会像小孩儿一样跟人类撒娇。"

问 Question 46

家养的猫把自己捉到的猎物叼到我跟前来了，这是在炫耀吗？

Answer

把自己捉到的猎物拿回来，是因为把主人当成了大块头的笨猫。这是在让你们学习如何狩猎呢。

"这并不是它们在炫耀，而是在让你学习。

"说来，小猫应该是把人类当成了大块头的笨猫吧。不信你看，小猫叼回来的猎物，应该是半死不活的。

"对小猫来说，当它们身体里的母性／父性爆发时，就会把猎物叼到主人面前，试图让他们练习捕捉猎物。但是，八成主人都会大吃一惊吧。"

编辑部：毕竟看起来挺吓人的。

"但对小猫来说，只能这么教育孩子啊。特意把半死不活的猎物叼回来给你，意思就是说，'来，杀掉它'。话说回来，主人看到后只会夺门而逃，根本不会练习。

"小猫把这一切都看在眼里，心想，'这次又没成功啊'！然后还会反复带猎物回来，试图教育主人。其实，只要主人没有把猎物吃下去，小猫就会反复这么做的。"

问 Question

47

主人哭泣的时候，猫咪会来
舔主人的眼泪，这是在安慰
主人吗？

和 Answer

那是因为小猫觉得眼泪不可

思议。

"其实我倒觉得这个事情就让主人误会下去也挺好。要是觉
得'我家的小猫来安慰我了'，那主人一定会萌生出强烈的幸福
感。这不是挺好的嘛。

"但其实，小猫看到主人哭的时候，满心都是不可思议。主
人的样子跟平时不太一样。所以，它们会靠近看看。

"小猫脑海中有一幅画面，那是家里正常的样子，然后它们
以这幅画面为标准，对家里的状态进行确认。要是没什么异常，
就会感到很安心。

"对于主人的观察也一样。要是主人开始哭泣，它们就会想
'这可跟平时不太一样'。

"对小猫来说，一如既往非常重要。因为它们需要保持安心
的状态。要是有什么异常，就会开始不安，甚至焦虑。

"当主人哭泣的时候，小猫会跑到近前看看到底发生了什么。
而人类，却会把这种行为视为对自己的同情。

"话说到这里，真是有点无情。所以还是让大家以为小猫就
是来安慰自己的吧。这样幸福感会强烈一些。"

问Question
48

我家有只非常会撒娇的猫，为什么小猫如此爱撒娇啊？

Answer 和

这是小猫的策略。它们已经学习到，这种行为会带来快乐。

"这样做会有好事儿发生啊。主人会好好宠爱自己。"

编辑部：被主人宠爱，小猫也会很开心吧。

"这可不符合猫的本性。现在的小猫，在不断向另一种生物演变。本来，小猫是非常讨厌被照管的小动物。但是随着不断进化，它们渐渐开始喜欢人类的关照了。

"喜欢撒娇的小猫，内心都有一个小朋友。身体成年了，但精神上还是小猫。所以总要撒娇。

　　"这倒不是有什么企图，单纯就是要撒娇。亲亲、抱抱、举高高，多好啊。"

　　编辑部：小猫虽然会跟主人撒娇，但其实主人不在家也无所谓。反过来说，主人 90% 的人生，都被小猫占据了。

　　"这么说的话，还真是让人头大。小猫总是能在暖洋洋的地方睡觉，衣食无忧。

　　"可是养猫的主人，却要工作、挣钱、买猫粮。恐怕，这就是猫的战略吧。"

问 Question **49** 喜欢跟主人一起睡觉和不喜欢跟主人一起睡觉的猫咪，差在哪儿呢？

差在个性呗。有的小猫偏偏看准主人睡觉的机会，随心所欲地玩耍。而有的小猫就会乖乖地睡大觉。

编辑部：我家3只猫里面年纪最大的那一只，经常会慢悠悠走过来，跟我一起倒头就睡。但有时候也不过来。

"那是因为有时候它是小猫模式，有时候是成年猫模式，有时候是猫妈妈模式。要是碰巧遇到小猫模式，就会撒娇。"

编辑部：也有的小猫完全不黏人，那它心里就一直是成年人吗？

"对啊，它一定一直都是成年猫模式。

"但主人也有各种不同的性格。如果遇到了那种每天都想撸猫的主人，那他就会说这种性格独立的小猫不亲人。

"但不管怎样，这样才是真正的猫。"

编辑部：原来是这样啊。跟信任感没什么关系呗。

"几乎没什么关系。

"但如果小猫跟你撒娇，肯定是信任你的。只有把主人当成了妈妈，才会来撒娇，对不对。

"要是擦肩而过也对你视而不见，那说明这只小猫把自己当成猫妈妈了。它心里可能想着'这大笨猫又要睡觉了，快睡吧，快睡吧'。"

问 Question 50

主人睡觉的时候，猫咪会爬到主人身上，这是在宣告主权吗？

Answer

可能是这样的。它是趴在后背上、肚子上，还是胸口上？

编辑部：我仰卧的时候，它会趴在胸口上。

"趴在胸口上，对小猫来说是最有利的位置。这时候它的心理状态可能是，'我要是咬你一口，可就赢了哦'。位置上来说是这样的，但也是一种示好的表现，是证明你们关系亲密的行为。"

编辑部：这只小猫先是从上面俯视我，然后刺溜蹿到床上，最后总是在我腋下那里睡觉。

"那是心情变了吧。比方说，刚刚还在想今天就睡在这儿了。很有可能，当跳到你身上的时候，心里想着我方有利。然后接着，心里萌发出想要撒娇的感觉，于是切换到'我要黏在旁边睡觉'的心情。因为小猫并没想永远占据优越地势。"

"不信你再观察一下，是不是随着一声喵叫声，它的心情就变了。"

问Question 51 有的猫咪爬到主人身上踩来踩去，可主人一伸出手，它就跑了，为什么?

Answer

在主人身上踩的时候，心里有个小朋友。但是，忽然就变回了真实的自我。

"这个动作叫作踩奶，是小猫促进猫妈妈产奶时的动作。但小猫说不上什么时候心情就变了，这是没办法预估的。你以为它现在是撒娇的小奶猫，没准儿它回头就咬你一口。一句我可不是这种猫，就立即变回了高冷的自己。"

编辑部：感觉这时候，小猫好像是说"适可而止，别碰我!"感觉自己真是卑微的猫奴。

"是啊。大家都是这样。小猫的情绪说变就变，我们只能迎合它们。这才是合格的猫奴啊。"

编辑部：一旦开始养猫，都会这样吧。

"比方说，当你拿起大喇叭，是不是声音不自觉就会高亢起来。一个道理，喜欢猫的人，内心是渴望成为猫奴的。虽然，也会抱怨说'干吗忽然咬人啊'!"

问Question 52 在玩偶上专心致志踩奶的小猫，到底在想什么呢？

Answer 和

这也是在撒娇，因为玩偶的触感跟猫妈妈的乳房有点儿像。

编辑部：好像特意让我看似的。一边看着我，一边喉咙里咕噜咕噜叫着。

"恐怕它是在模仿喝妈妈奶时的动作。"

编辑部：我倒是小心，不让玩偶掉到地上了，小猫这个动作怎么看都有点猥琐。

"猥琐？啊，好像是有一点儿。可是小猫就是在一瞬间，回忆了妈妈喂自己的场景。是不是尾巴也跟着动来动去？"

编辑部：是的!

"要是这样，给它们养成了坏习惯可就糟糕了。小公猫就算知道主人生气，也会故意这么做。然后还会射精。

"主人打扫起来很麻烦。但有的小猫真的会有这种毛病。"

编辑部：做了去势手术，还会这样吗?

"会的。只是频率会降低。因为分泌荷尔蒙的地方，不仅仅只有睾丸，副肾等器官也能分泌。虽然能有改善，但最好一开始就不要让它们养成这种习惯。"

问 Question 53
家里来客时，有的猫咪会彻底藏起来，为什么？

Answer

藏起来的小猫，都是野性比较强烈的猫。

编辑部：每天早上大喊大叫的是它，来了陌生人藏起来的也是它。说到底还是胆小吧。

"藏起来的都是野性比较强烈的猫。猫科动物在野生环境中大多数都会隐匿行踪的。

"对于它们来说，戒备心要比好奇心更强烈。

"你看，狮子会叫。早上起来，'嗷嗷'叫几声，听起来挺吓人的。那是在宣告地盘领权。

"它告诉大家自己守护着这块地方。这里面蕴含了很强烈的野性。

"所以我们可以把小猫的这种行为，视为它们野性的体现。"

编辑部：这只小猫啊，平时都会跟我保持距离。要是家里有什么事情，肯定会一边咕噜咕噜叫着，一边过去看看。

"这可是婴儿行为。应该是切换到了小猫模式吧。"

编辑部：每天最少都会有一次。

"小猫模式和野猫模式，家长模式和家猫模式，这些模式，小猫全都能自由切换。你家的这只猫，还属于切换得很频繁的类型。就算在小猫中，可能也属于比较少见的。"

问 Question
54
有动画作品说，猫咪会保护婴儿不受狗狗的攻击，怎么会有这样的事情呢？

我觉得小猫将婴儿当成了猫宝宝。

编辑部：我看过一个动画片，说有只狗要袭击主人的孩子，就要咬到孩子的脖子时，家里的猫飞跃而出，撞到了小狗的身上。狗一旦受惊，马上就跑掉了。

"是有这么个动画。能保护主人家小孩的猫，还真是稀有啊。

"动画片里的这只猫，说不定是把孩子当成了自己的猫宝宝，所以才会不顾一切地飞跃出来。就算不这么夸张，也确实有小猫会把人类的婴儿当成自己的猫宝宝。所谓的母爱泛滥嘛。

"除此之外，当小猫切换到家长模式的时候，就会觉得人类是'大笨猫'。所以会作为家长来守护人类。

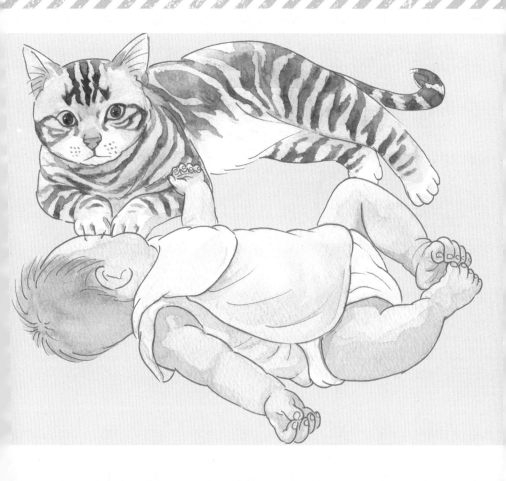

　　"在别的题目中我们也提到过，小猫的心里当然会有小猫模式。但切换起来，也就是一两秒的事情。

　　"比方说，家里的大猫对新来的小猫有所提防。但看到它们安然入睡的样子，很有可能毫不犹豫地给它们舔毛。

　　"吓跑小狗的猫，感受到了人类婴儿的危机，瞬间切换到了家长模式。"

Question 55

猫咪很享受被抚摸的感觉，可是被抚摸以后总会认真舔毛，为什么？

因为被抚摸以后，身上就沾了人的气味。而且，为了重新捋顺被弄乱的毛发，也需要再舔舔毛。

"在其他题目中也提到过，小猫对气味非常敏感。而且，小猫都有保持自己毛发整洁的习惯。小猫，需要悄无声息地靠近小鸟等小动物，然后迅猛地出击捕猎。

"这时候，小猫需要非常敏捷地避开周围的树枝等。因为一旦发出声音，就会被猎物察觉到。

"所以小猫需要让自己的毛发整洁，保持灵敏的触觉，这样才能无论碰到什么东西都及时感知到。所有的这一切，都是为了不发出声音，吓跑猎物。

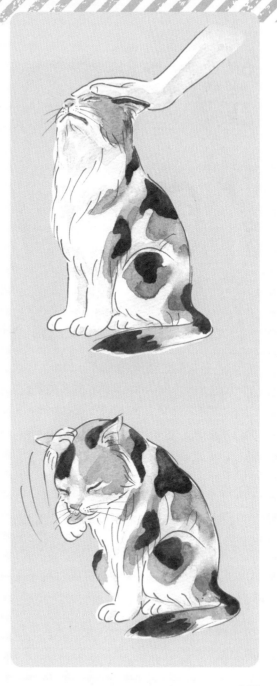

"一旦毛发凌乱，有可能感觉不到身体碰到了其他物体。这对小猫来说没有任何好处。

"就这一点来说，小狗可以算得上是突击型选手了。就算周围有小树枝等障碍，也能突破前进。而对于沾在身上的东西，用力抖抖身体就甩掉了。"

问Question
56
听说就算是第一次见面的猫，
也没办法抗拒你伸出的手指，
一定会凑过来闻闻，为什么？

好奇心占了上风。

"有些小猫除了戒备心以外，还有 50% 的好奇心在考虑要不
要过去看看。这时候如果发觉什么危险，一定会马上调头逃走。
这种猫如果生活在猫咪咖啡店，肯定扮演的是藏在什么角落里，
直到客人离开的角色。

"但也有一些好奇心强的小猫，总会走过去看看到底发生了
什么。小奶猫尤其如此，对什么事情都好奇心满满。

"其实，真正的野猫有很强烈的戒备心理。所以这种小猫，
是不会过来闻你的手指的。"

编辑部：我以为给小猫闻自己的手指，是为了让它们适应人

类的气味呢。

　　"也有这个作用啊。但功效要取决于小猫的好奇心到底有
多大。

　　"如果想进一步跟小猫沟通，就不要在把手指放到小猫鼻子
跟前的时候盯着它看。如果人类能看向其他方向，然后闭上眼
睛，再缓慢地睁开，就能很有效地降低小猫的戒备心理。

　　"另外，手指接近的速度不要太快。要是太快，会一下子把
小猫吓跑了。"

问 Question 57

招呼猫咪的时候，与其站直，不如蹲下来，是这样吗？

对的。其原因在于视线的高低。对小动物来说，眼睛多少有点可怕。而高高在上的眼睛，就更可怕了。

"动物不喜欢俯视的眼神。它们觉得看起来特别恐怖。所以人类的祖先，在非洲大地上进化出了站立的体态。

"当人类站立起来以后，就连狮子都觉得人类的位置高高在上，随之担心人类可能会对自己发起攻击。很可能，人类进化出站立的体态，有这方面的原因。

"你看，狮子很少袭击鸵鸟、长颈鹿和大象。因为它们眼睛的位置都高高在上。

"说到鸵鸟，不过是生活在陆地上的鸟类而已。要是被狮子攻击，几乎没有胜算。就连跑，也跑不过狮子。

102

　　"所以，高度非常重要。就连两只熊打架的时候，也会尽量让自己的视线处于更高的位置。这样至少会给对方带来精神方面的压力。

　　"对于狮子来说，水牛的视线高度跟自己相仿。幼狮会从攻击年幼的水牛开始学习，直到长大后掌握捕捉成年水牛的技能。所以，招呼小猫的时候，蹲下来，让自己的视线降低，这样小猫才更有可能过来。"

问Question 58

有没有适用于所有猫咪的抚摸方法？

Answer 和

首先，了解一下小猫不喜欢被碰的地方吧，包括肚子、尾巴、爪子和肉垫。

"千万不要用力拽小猫的尾巴。有时候小猫会仰卧在地上，露出肚皮，但这可不意味着它想让你摸肚皮。有人就在摸肚皮的时候被咬过。

"小猫喜欢被摸的地方，应该是脸颊。前后抚摸下颚，小猫也会露出享受的样子。要是慢慢抚摸小猫的鼻梁、鼻尖和额头，它们准会露出一副心满意足的模样。

"下巴的下面，要顺着毛发的走向抚摸。脖子那里可以慢慢画着圆抚摸，小猫很喜欢这样。

"此外，你还可以从头顶开始，顺着毛发的走向，一直轻轻地抚摸到尾巴根那里。最重要的是，不要弄疼小猫，要轻轻地抚摸。

"如果这么抚摸下去，直到你都累了，小猫也还是一副'继续摸，继续摸'的殷勤模样。"

问 Question 59 猫咪喜欢什么样的人?

它们喜欢不太会靠近自己的人。不喜欢忽然冲到自己面前的人。因为每只小猫都有戒备心理。

编辑部:小猫好像不喜欢喜欢猫的人。难道它们喜欢对猫不在乎的人吗?

"喜欢猫的人看到猫就忍不住要伸手去抱。"

编辑部:是啊,好容易看到猫,当然要抱抱。

"如果是这样,能让小猫觉得'这人怎么回事儿?'但如果对猫视而不见,反而小猫会自己萌发出好奇心,主动走过来看看这家伙怎么回事儿。你是否能掌握这个主动权,是个非常关键的问题。"

编辑部：让喜欢猫的人对猫视而不见？

"喜欢猫的人就会跟猫腻歪吧。这可不行。小猫不喜欢跟人腻歪。"

编辑部：可是看到可爱的小猫，就忍不住想过去腻歪一下啊。

"别看它，眼不见心不烦。"

编辑部：假装完全不感兴趣就可以了？

"对啊。如果你这么做，小猫会主动过来问你，'你看我怎么样？'所以掌握主动权很重要。"

问Question 60

家里有两只猫的时候天下太平，怎么再带回来一只就天下大乱了呢？

知Answer

三角关系产生了，上下关系的优先顺序发生了改变。

编辑部：本来看起来是老大的那只猫，好像地位发生了变化。

"估计是地位下降了，它们之间的平衡发生了微妙的变化。家里有 3 只猫的话，平衡可不好把握。"

编辑部：3 只猫的话，关系不好相处吗？

"本来是老大的那只猫，很有可能因为第三只猫的到来，沦落成第二顺位。只要新来的第三只猫够强势，这种事情很容易发生。

"说到究竟谁能当老大，那要打一架才能决定。而这种战争，要持续到原来的老大被打败为止。听起来有点可怜。这种情况

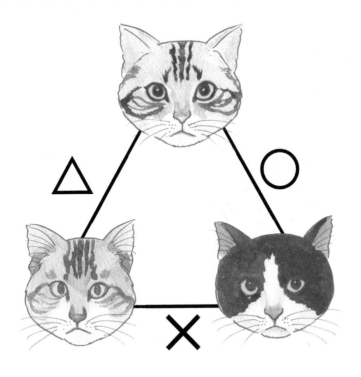

下，有些猫会因为丧失自信而默默死去。"

　　编辑部：天啊！可别这样啊！

　　"在黑猩猩的世界里，被淘汰下来的黑猩猩很快就会死去。我知道一只黑猩猩，它被自己的儿子战败后，最终无声无息地死掉了。就算是自己的儿子，成年以后不但身高体壮，而且总是嘶吼着威胁自己，它也受不了。一段时间以后就会不堪重负而郁郁寡欢。"

　　编辑部：唉，真令人难过啊！

61

猫咪之间也有欺凌吗?

和 Answer

有啊。要是家里养了3只猫,主
人很可能会因为这3只猫头疼。

编辑部:确实头疼。

"如果3只猫,多半会分成2只一伙,1只一伙。就算是人类,
三人行的时候也会是这种局面吧。所以,探险队的队员永远只能
是奇数。"

编辑部:为什么?

"因为少数服从多数。面临着是否折返的问题时,如果双方
人数相等就永远做不出决定。猫也是如此。

"单只的小猫,就会成为被欺负的那一只。看到这种情况,
主人会更偏爱这只小猫,对吗?"

编辑部:对的,当然会。

"主人会对这只小猫心生怜惜。可如果这样,一旦主人没注
意,这只小猫就会受到更严重的欺凌。这跟中学生之间的欺凌是
一个道理。事情通常发生在老师不在场的时候。"

问Question
62
我从猫架下面走过的时候，有只母猫一定会伸手打我一下，为什么？

Answer

为了吸引你的注意啊。

编辑部：我家只有两只小猫的时候（一只小公猫，一只是小母猫），小公猫比较斯文，每次到猫粮盆这边来吃饭的时候，小母猫都会伸手拍打它。

"让它走开吗？这可挺少见的。还有这样的小母猫吗？小母猫通常都会让小公猫好好吃饭，还会给自己的孩子分食。你家这只小母猫的独占欲可挺强啊。"

编辑部：但是，也挺可爱的。一种强势的可爱。

"你喜欢这样的猫吗？"

编辑部：这才是猫应该有的性格啊。她怀孕的时候更暴力。站在高高的地方跟我们耀武扬威。同时，它也特别喜欢撒娇。

"挺有个性的'孩子'啊。猫确实有很强的个性，你家这只猫真有范儿。"

111

问Question 63 同时养多只猫咪的秘诀是什么？

多关照最先养的那只猫。

"小狗也是如此。要是最先养的小狗受到了很好的关照，其他狗狗也能生活得比较愉快。"

编辑部：反正，我家现在是这样的。现在最受宠的就是最先养的那只猫。

"对。这很重要。小猫的尊严感很强。其实就这一点来说，不只是小猫，所有的动物都是如此。所以，才要特别关照最先养的猫。

"动物的尊严感要比人类更强烈。人类毕竟会克制和忍耐自

己的骄傲。这是属于我们的社会属性。

　　"但要是小狗感觉被嘲笑了，它们会觉得特别不开心。

　　"小猫虽然沉默不语，但它们的自尊心非常强。"

　　编辑部：我们家的小母猫超级厉害，是不是说它的自尊心比小公猫更强？

　　"那倒不一定。小母猫是最先养的吗？"

　　编辑部：是的。

　　"那么，就更得好好宠着了。"

Question 64 猫咪应该不喜欢噪音，可是为什么会坐在扫地机器人上面呢？

不是自己主动上去的吧。正如您所说，小猫不喜欢噪音。估计是哪家主人为了拍摄效果把猫放上去的。

"这是为了营造好笑的视频效果，为了增加点击量呗。

"要是小奶猫曾经被放到过扫地机器人上，那么它成年以后也不会抗拒这一点的。同理，要是在小猫小时候就让它接受吸尘器，那么长大以后也不会对吸尘器心生恐惧。

"要是直接把成年猫放到扫地机器人上，那它一定会被吓到飞起。视频里那些看似闲庭信步的小猫，也只不过是默默发呆而已。"

　　编辑部：这不是虐待吗？大家看了那样的视频，都会想把自己家猫放到扫地机器人上试试看啊。

　　"对啊，所以我觉得不太好。

　　"猫咪看见黄瓜会害怕也是一个道理。大家都说小猫忽然看到黄瓜会吓一跳，然后纷纷回家尝试。可是小猫看到黄瓜飞起来，就已经是吓到抓狂了。要是从没见过黄瓜的猫，突然看到又粗又长的一条，当然会害怕。"

挑选不含谷类成分的猫粮，对猫咪来说是正确的选择吗？

Answer

确实，少吃点没什么问题。毕竟里面没有能分解淀粉的消化酵素。但是……

"跟小狗相比，小猫的肉食性倾向更强烈，更适合使用高蛋白质含量的猫粮。所以，少吃点儿不含谷类成分的猫粮，应该没什么问题。因为里面没有能分解淀粉的消化酵素。

"但是，野生小猫捉到猎物以后，是生吞活咽的。也就是说，猎物肠胃里的谷物和其他植物也被小猫吃进了肚子里。比方说，小猫捉到一只老鼠，它会连老鼠的肠胃一起吃掉。

"当然，肠胃里的谷壳等植物也会被它吃掉。这么一想，小猫并不完全是食肉的。"

编辑部：嗯，小猫也吃路边的小草。

"对啊，吃猫草。所以，平常小猫应该也吃点儿谷物。如果它只摄取蛋白质，很难保持长寿。

"食物种类太单一，肯定不是一件好事。身体需要维生素，也需要其他各种营养物质。所以猫粮的成分还是应该丰富一点儿。每种食物中都有重要的营养成分。反正，猫粮里应该配比得很均衡。"

问Question 66

如果不注意食品的多样性，对猫咪会有什么害处？

Answer

虽然这种说法不够缜密，但是动物园严格按照科学的办法来喂食，也经常繁殖不出下一代小动物。

"只有摄取各种各样的营养，才能保证营养均衡。"

编辑部：可是按照科学的办法来喂食，为什么会繁殖不出下一代小动物呢？

"因为某种矿物质不充分吧，这会影响胚胎受精。

"另外，要是身体里的矿物质不足，即使受精也可能会发育不良。在人工饲养的环境中，培育下一代非常困难。并不是我们想象的那样，只要交配就行。交配之后还有很多问题。"

编辑部：野生动物的食物范围广泛，这是有什么理由吗？

"看起来好像随心所欲，但其中确实有道理。大熊猫就是个很好的例子。人类觉得它们光吃竹子营养不均衡，又喂食了很多别的食物，但是也没繁殖出来多少啊。"

118

问Question
67
价格便宜的猫粮会不会含有有害物质？

恐怕，重点就在这里吧。

"现在的人类生活在卫生条件很好的地方，却很容易生病。这是因为人类的免疫力下降了。以前有一个三秒钟守则，不知道你听说过没有。就是说食物掉在地上，三秒钟以内捡起来，还是能够吃的。

"当然，我们有可能遇到有毒有害的食物，这一点要格外注意。但这个守则其实是在告诉我们，不要活得过于精致。对于小猫来说，除了吃肉以外，还应该少量吃其他各种不同的食物。

"以前的小猫只能从主人那里要来剩饭，所以它们要时不时地到外面捉一些蚂蚱、田鼠等动物来打牙祭。

"那个时候，它们的营养反倒是均衡的吧。"

编辑部：我以为猫粮价格越高，对小猫越好，原来不是这样的啊。

"我觉得不是。"

119

什么能喂猫？什么不能喂猫？

知Answer

基本来说，人类加了调味料的东西都不太好。

"基本来说，人类比较重口味，食物高油高盐，所以，人类加入调味料加工过的食物都不应该喂给小猫。而且，猫粮本身的口味也比较清淡。要是习惯了人类的重口味食物，小猫以后就不会吃猫粮了。

"另外，绝对不能喂小猫吃的东西还有大蒜、洋葱、韭菜、葱。这些食物会降低小猫的红细胞数量。此外，加热过的食物也不太好。如果少量喂食西蓝花、花椰菜、卷心菜、芜菁等蔬菜倒是问题不大，但大量喂食也很危险。

"芥末、牛油果也是危险食品。巧克力会导致小猫中毒。喂食鱿鱼、章鱼等软体动物，大量地喂食青鱼或动物肝脏，都是非常不好的行为。"

问 Question
69
我以前养过的一只猫，竟然在家吃红豆泥，它能品尝出味道吗？

Answer 和

　　可能小猫觉得红豆跟肉一样有甜味。

　　"据说高级蛋白质如果细品，都有甜味。红豆也是。小猫感受到的甜味，应该跟我们人类感受到的甜味不同。很有可能，它们觉得红豆跟肉的甜味一样。"

　　编辑部：现在养的小猫什么都想吃。吃起生火腿、酸奶来也津津有味，前几天还想舔酱油呢。

　　"小奶猫要是尝过这些东西，以后还会想吃的。小奶猫觉得猫妈妈给自己的东西都能吃，认为猫妈妈吃的东西自己也能吃。

　　"要是给小奶猫喂食对身体不好的东西，它们以后根本戒不掉。这是引发多种病症的原因。我们应该在小猫小的时候，就对其饮食严格管理。特别是那些高盐的生火腿、酱油的调料，尽量避免吧。"

问Question 70
如果半夜小猫发现猫粮碗空了，它会叫我起来添饭，为什么？

Answer 和

半夜起来给它添猫粮倒是没什么，但是会把它惯坏的。

"如果小猫坚信你会起来添猫粮，那以后每次猫粮碗空了，它都会来叫醒你。大脑啊，就是这样的结构。"

编辑部：以前养的小猫，每次猫粮碗空了，都会跑到我耳朵旁边喵喵叫。而我因为嫌麻烦，总是在睡前把猫粮碗装满。结果一来二去，小猫胖了好多。

"变成小猪了吧。"

编辑部：对啊，最胖的时候体重差不多达到 10kg 了。

"那可是一只大猫了。太胖了对身体不好啊。要是它在你耳边叫，不要理它。它渐渐就会放弃的。"

编辑部：好的，以后戴耳塞睡觉。

"这个主意听起来不错。"

现在养的猫不吃猫草，我应该努力喂食吗？

如果它不爱吃，就不要勉强。

编辑部：以前养的猫，超级喜欢吃猫草。只要我买回家，它肯定能第一时间闻到气味，然后飞奔过来跟我要。我就算藏起来，一点儿一点儿喂它，它也总是狼吞虎咽地把它们瞬间消灭掉。吃完以后，马上就会有反应。我就得跟在它们后面一点儿一点儿收拾它吐出来的东西。有时候能连续吐 3 次呢，打扫起来真是不容易。

"这可是只好猫。好养活。很多小猫都不喜欢吐毛球。"

编辑部：确实不喜欢。

"吐毛球的时候，会把小脸扭到一边去吧。"

编辑部：看起来它想要逃跑呢，我要赶紧把它按住，让它吐干净。

"好厉害。吐出来的也是自己的东西啊，嫌弃什么呢。"

123

72 吐出来的东西，是自己的东西吗？

是的。有的小猫过一会儿以后，还会把吐出来的毛球再吃进去。

"小鸟产蛋以后，会孵蛋对吧。那是因为它们知道这是自己的蛋。小鸟能认识到，蛋是从自己身体里出来的东西。所以，它们要把蛋藏在自己身体下面，以防敌人袭击。然后，慢慢进化成了孵蛋的现状。

"因为始终保持了一定温度的蛋孵化率比较高，所以孵蛋的习性才保留了下来。哺乳动物也是这样的。小猫如此，小猴子也是如此。自己生的，就是自己的。刚出生的小猴子即使夭折了，猴子妈妈也会拉着它走路。因为猴子妈妈知道这个孩子是自己的。它们会一直把夭折的婴儿尸体拉扯到破破烂烂。

"但是如果在动物园里，工作人员就会早早打扫干净。要不然多少会影响游客的心情。"

问 Question

73

动物抱着夭折的宝宝，是因为难过吗？

Answer

不是的。仅仅是觉得这是自己的东西而已。

编辑部：看到动物抱着自己夭折的孩子，我以为它们是悲伤得不忍撒手。

"只是不想被别人抢走罢了。

"但是，动物园的工作人员不可能让妈妈拎着一个夭折的孩子到处乱跑，好歹也要追上去抢下来。

"这时候，只能用什么圈套把夭折的孩子骗下来，然后赶紧收拾干净。

"要是夭折的孩子被带走了，妈妈也是满脸不开心。但并不是悲伤。

"电视上放映的妈妈的这种表情，都是融入了我们人类自己的感情在里面，只是电视节目的效果而已。"

问 Question
74

有报道说，失去自己孩子的猴子妈妈会养育孤儿猴宝宝，小猫也会这样吗?

Answer

可能会有这种情况发生。但别人家孩子的气味跟自己不一样，通常都不会养的。

"要是猴子妈妈去世了，通常是猴子哥哥或姐姐负责背着小猴子移动。它们承担了家长的责任。

"这件事儿跟其他任何家庭的猴子妈妈都没关系。托孤这种事情，只能发生在人类社会。

"但是狮子、小猫等动物，是另一种生活方式。

"在狮子的社会里，狮子姐妹们会一起养育小狮子。无论狮子妈妈是否健在，有奶的狮子妈妈也愿意喂养别人家的小狮子。

"小猫也是这样的。猫妈妈们会共同协作养育小猫。要是猫姐姐去狩猎了，猫妹妹会负责喂食两家的小猫，还会给每只小猫舔毛。

"这是因为血缘关系近，所以气味类似。"

问 Question
75

猫咪会不会憎恨人类，甚至做出复仇的举动？

和 Answer

不仅是猫，动物都不会对人类或其他动物心怀仇恨，更不会复仇。

编辑部：我看过一段视频，说小象曾经被狮子攻击过，后来出现了报复行为。

"不会有这种所谓的憎恨的。动物既不会憎恨，也不会嫉妒。

"但是，无论小猫还是小象，如果遇到了跟平时不一样的场景，它们会感到不安。如果大象看到小象倒在地上，就会努力帮助小象站起来，而且还会带着死去的小象一起向其他地点移动。在电视上，人们把这种行为解读为大象对逝去的小象的悼念。

"但其实大象带着小象的尸骸一起移动的原因，是它们看到尸骸腐烂的样子，觉得跟平时不太一样。只有人类能够认知到死亡。所以，动物既不会憎恨，也不会复仇。当然，被狮子袭击的时候会有所反抗。可能人们把这种行为解读成了复仇。"

问Question
76
有的猫咪会跟主人一起泡澡，怎么才能让自家猫咪做到这样啊？

Answer

这种情况非常少见，要从小奶猫的时候开始培养才行。

编辑部：要是从小奶猫的时候这么培养，长大以后就能跟主人一起洗澡了吗？

"对小猫来说，主人相当于家长。它们能记住家长做的事情。在小奶猫的阶段，它们还没有开始讨厌洗澡。

"小猫在幼年时期，会尝试各种各样的行为，并从中学习经验。很有可能，这家的小猫从小就跟主人一起泡澡。一般来说，小猫不喜欢身上被打湿。因为猫的祖先生活在沙漠，本来就不擅长面对水多的环境。另外，猫的毛发上面没有油脂，水会穿过毛发直接接触到下面的皮肤，肯定不太舒服。

"但它们对洗澡盆很好奇，忍不住会过来看看怎么一回事儿。它们对水也很好奇，毕竟猫是一种好奇心很旺盛的小动物。"

Question 77　怎么才能防止猫咪在家具上磨爪子？

买个小猫专用的抓板，怎么样？

"小猫磨爪子，是有目的的。首先，要保证爪子一直锋利到可以成为保护自己的武器。其次，挺直身体尽量向上磨爪子，比较接近划地盘的行为。要在更高一点儿的地方留下自己的痕迹。

"此外，磨爪子也会成为一种转移行为。淘气失败了，被主人批评了，总要整理一下自己的心态吧。对人类来说，这差不多就是休息时间。

"所以，我们不能禁止小猫磨爪子。但是为了防止它们抓坏家具，可以准备几个磨爪子工具。横着放、竖着放，甚至直接把猫架的柱子改造成抓板都可以。

"除此之外，还可以在绝对不能被猫挠的地方，贴一张防抓片。"

问 Question
78

我家小猫不喜欢洗澡，如何才能改善呢？

不用强迫小猫洗澡啊。

"基本上说，不出门的小猫没必要洗澡。小猫本来就讨厌水，要是小时候没有洗澡的经验，等它们长大以后洗澡可就难了。

"要是勉强小猫洗澡，不仅会使小猫陷入崩溃，它的主人也有可能会受伤。特别是短毛猫，不用给它们洗澡。因为它们天生有自己舔毛的习性，能把自己照顾得干干净净。

"要是你觉得小猫看起来有点儿脏，与其担心应不应该洗澡，不如关注一下小猫是否生病了。当它们身体欠佳的时候，就没精神头舔毛了。

"要是到了非洗澡不可的时候，就去宠物店请专业人士处理吧。或者在家中用湿毛巾给小猫擦一擦就可以。"

问 Question 79　能不能让猫听懂人说的话？

它们能听懂几个简单的词汇吧。

"要是通过条件反射的方式进行训练，就能比较顺畅地让小猫记住词汇的意思。比方说，家里的小猫害怕吸尘器，主人可以在每次打开吸尘器之前对小猫说'吸尘器'。反复几次以后，小猫就能在听到'吸尘器'这个词的时候迅速躲起来。

"或者也可以在跟小猫说'开饭了'后，就马上喂食猫粮。那以后小猫脑海中就能把'开饭了'这个词跟吃饭联系在一起，这样就自然而然地记住这个词的意思了。

"还可以在喂零食的时候，跟小猫说'伸手'。要是小猫伸出了小爪子，就把零食给它；而要是小猫张嘴来叼零食，就拒绝给它。反复这么做，小猫就能听得懂'伸手'这个词了。

"除了这些，在每次一起做游戏之前说'做游戏'。反复几次以后，你一说'做游戏'，小猫就能赶紧跑过来。

"也就是说，训练时要跟行为动作关联在一起才行。"

80

以前家里养的猫忽然死掉了，好想知道原因啊！

知Answer

要了解忽然去世的原因，那可太难了。

"无论是否忽然去世，小猫的死亡原因大多数都是脏器衰竭。而这种事情，基本上很难被提前发现。

"要是外出归来的小猫忽然死去，死因很可能是中毒。毕竟外面有些地方会撒药驱虫或者防鼠。"

编辑部：还有的小猫生了重病，无药可救，最后只能选择安乐死。这种情况多半原因不明，只能在死后申请解剖来确认病因吗？

"我觉得，这种情况下选择安乐死没有错。但我不建议进行解剖。因为多半即使解剖也搞不清楚真正原因，很可能最后还是会被诊断为脏器衰竭。"

第 3 章

常见名猫介绍，如苏格兰折耳猫、
波斯猫、美国短毛猫等。

人气猫咪大集合！

执笔：编辑部

监修：今泉忠明

注：各猫种的性格等均指普遍特点。

猫咪访谈！
阿比西尼亚猫是什么样的猫？

很多人大概对我不是很熟悉，但据说我可是最古老的家猫。大家都说早在古埃及时代，我的老祖宗就备受法老王的喜爱。我还听说，就连埃及艳后的爱猫都是我们家的老祖宗。

想来，古代帝王家应该是钟情于我们身上光泽斑斓的毛发吧。从不同角度照过来的光线，能让我的毛发呈现出不同的光泽。用步步生辉来形容我们再合适不过了。也正因为这样，我们被当成了神的使者。不信你看看古埃及贵族的遗址中，那些猫的图画可跟我一模一样呢。

可是最近，有遗传学发现我们种族的发展路线好像在印度洋沿岸和东南亚附近。到底哪个是真的呢？我本来就有点儿神经质，这件事情还真挺让我闹心的。大家都说我气质高贵，但其实我的性格开朗着呢。特别喜欢跑跑跳跳。你看我这苗条的身材，可都是靠大量的运动来维持的。我严防死守的体重上限是 4kg 哦。

猫咪访谈！
美国短毛猫是什么样的猫?

我的小名叫"美短"，可能小伙伴们都超熟悉我吧。我性格开朗，精力十足，最喜欢能陪我们一起玩耍的主人了！

你知道吗，我的老祖宗可是乘坐着五月花号去的美国呢。那时候，老祖宗的任务是捕捉老鼠。这件事可一直都是我的骄傲。

哦，稍等！那有只老鼠！看我把它抓回来。哎呀，这里还有只小麻雀。

大家都说我不消停，希望我能稳稳当当待一会儿。可是你看看我的身材，只有运动才能让我不会变胖啊！而且我的眼睛那么大，嘴巴那么小，是不是很可爱? 话说回来，我的体重差不多4kg，拥有最经典的条纹花色。

在美国，我可是响当当的传统名猫。

美国短毛猫

137

猫咪访谈！
异国短毛猫是什么样的猫？

好了，下面是提问环节。我看起来像是什么猫？我数3个数，请在3个数之内回答。1——2——3——

时间到，公布正确答案。最像波斯猫嘛。你看看我鼻子的形状、眼睛的形状，是不是跟波斯猫一模一样。但是，我没有那么长的毛毛。嗯，这么说吧，我相当于短毛款波斯猫。

说到这里，需要特别澄清一下，我可不是被特意繁育出来的波斯猫短毛款。其实我是美国短毛猫和波斯猫交配繁育出来的混血儿。据说那时候，人类想要一种同时拥有美国短毛的银色毛发和蓝色眼睛的猫，于是把美国短毛猫和波斯猫进行了交配繁育。

可万万没想到，交配以后出现的居然是短毛款的波斯猫。体重差不多4kg。性格有点儿像波斯猫，斯文而安静。而且，非常喜欢跟主人撒娇。要是想养我，可千万别忘了跟我肢体接触哦！

异国短毛猫

Question 84
猫咪访谈！
西伯利亚猫是什么样的猫？

我，非常耐寒。毕竟，我可是出生在俄罗斯的品种啊。而且我也不是被人类特意繁育出来的品种，而是在俄罗斯寒冷的大自然中自然进化出来的猫。

来，给你看看我这身引以为傲的毛发。内侧的绒毛是用来保护体温不流失的，外侧的毛发是用来抵御风雪入侵的。

我的身体非常壮实。四肢粗壮有力，脸上的样子也威风凛凛。体重差不多有 6~7kg。可是我需要

3~4 年的时间才能发育成熟。

　　很久以前，我是在俄罗斯严酷的大自然里，靠捕食小动物为生的。所以保持了身手敏捷、力量强大的特点。据说，俄罗斯人世世代代都很相信我们，不仅让我们帮忙在家捉老鼠，还让我们代替狗子看家。

　　其实，我的性格沉稳冷静，遇到什么事情都很沉着。除了这些，我还是只勇敢的猫！

西伯利亚猫

猫咪访谈！
热带草原猫是什么样的猫？

喂！你没见过我这种猫吧。没见过世面。我的爸爸是非洲薮猫，我的妈妈是家猫。而我，是它们生的混血儿。我的身体里流淌着热带草原的血液，所以，我非常闹腾。

只要给我一个跳跃的机会，我就能蹦到天棚上。可能我的身体里全部都是运动细胞吧。不信你看，我的腿比其他猫要长，耳朵也比非洲薮猫大很多，所以能听到从更远处传来的声音。我身披斑点毛发，你就说帅气不帅气。要是没有点儿野生的血统，怎么可能做到这么优秀呢！

但好像，主人有点儿面露愁容的样子。要是他不能经常陪我玩儿，我就会欲求不满，就会被撒娇的冲动弄得心神不宁……你看，我也挺不容易的吧。唉，没办法！谁让我的身体里流淌着自由的野生血液呢。

143

猫咪访谈！
日本短尾猫是什么样的猫？

　　我的祖辈就是最普通的日本猫。它们1968年远渡重洋，前往美国。然后，美国人就被我们家辈辈相传的"可爱的流线型身体和短小的圆尾巴"所吸引，逐渐在美国繁殖至今。

　　我是女生，所以有三色花纹。虽然我的眼睛是蓝色的，但是我的朋友们有些是棕色眼睛，有些是绿色眼睛，甚至还有异瞳（左右眼睛颜色不一样）的现象。

　　说到短小的圆尾巴，可不是所有的日本猫都像我一样。早在江户时代，人类觉得长尾巴的猫是妖猫，对它们各种嫌弃。只有我们这种短小尾巴的猫，才能受到人类的宠爱。

　　我们的毛长短不一，有的长，有的短。不过听说很早很早以前，我们这个品种都是短毛。我的体重有3kg。据说我的样子跟日本猫没什么两样。真想找个机会，见见日本猫，听它们讲讲遥远家乡的故事。

日本短尾猫

猫咪访谈！
暹罗猫是什么样的猫？

你听我说！我的祖先生活在泰国的大自然里。1871 年，我们家的祖辈第一次出现在欧洲的展会上。那场展会可是在伦敦的水晶宫（Crystal Palace）举办的！在展会上，我们广受欢迎，接下来，我们又参加了 1879 年的美国展会。当时的美国总统海斯，把我的老祖宗当成礼物送给了自己的妻子。怎么样，厉害不厉害？

巴掌大的脸上有棕色的阴影色和蓝宝石色的眼眸，白色到棕色的渐变色身体层次感，长长的大尾巴，无论哪一点都超级吸引人。我的体重差不多 3.5kg 吧。

我喜欢聊天和撒娇。但是，偶尔有人会批评我是话痨，这真让人寒心。我喜欢美食，不喜欢吃难吃的东西。对了，我还超级喜欢玩具。每天还至少需要刷一次毛。对于这些生活细节，我是很挑剔的哦。

147

猫咪访谈！
新加坡猫是什么样的猫？

看图片可能有点儿不明显，我是身材小巧的猫咪哦。体重嘛，成年猫也只不过 2~3kg 而已。尽管体型纤细，但在新加坡可是被誉为"国之宝"的动物。

1991 年，国家正式授予我们家族这样的称号。这可不是我随便说说的！

我还有个名字叫新加普拉猫。因为在马来语里，新加普拉就是新加坡的意思。有时候，人们也会叫我的绰号——"小妖精"。

从小时候起，我就喜

欢爬到高高的地方往下跳。因为我体重轻，就算站在主人的肩膀上也没什么关系。说到站在人的肩膀上，那种"一览众山小"的心情可真好啊！

我本来生活在新加坡那种炎热的地方，所以毛发很短。另外，我身上的黑貂刺鼠虎斑也很有名，远远看起来就像芝麻盐一样。

我的好奇心旺盛，大家都说我善于外交。但其实，人家可是很内敛的呢。

新加坡猫

149

猫咪访谈！
苏格兰折耳猫是什么样的猫？

耳朵弯弯很可爱吧。我自己也很喜欢这对耳朵。但是我看到过一些小伙伴能把耳朵立起来，那样子也挺可爱的。

你问我在哪里出生的？你看我都叫苏格兰折耳猫了，那肯定生在苏格兰啊。话说回来，你看我的毛色是不是也很漂亮。乳白色的条纹，看起来品相不错吧，而且还很时髦，对不对。

哦，忽然想起来，我听说过这么一件事儿。我的老前辈做过模特呢！听说它也跟我一样，有一对俏皮的折耳和圆溜溜的小脸。那肯定就像我一样超级有魅力啦！

性格嘛，没想过呀！但是，我喜欢无忧无虑的生活。要是能开开心心地过日子，那该多美好啊！反正我是这么想的，所以我跟谁都能相处得挺好的。

苏格兰折耳猫

Question 90
猫咪访谈！
斯芬克斯猫是什么样的猫？

你问我冷不冷？冷啊。而且说实话，我还真的不太耐寒，毕竟没有毛毛嘛。

虽然没有毛，但是我的祖先可是生于寒冷的加拿大的。从出生的时候开始，我们就是没有毛毛的小奶猫，所以以前被叫作加拿大无毛猫。所见即所得，真是毫无技术含量的名字啊。但是，你有没有觉得我看起来有点儿像古埃及神话里的斯芬克斯？所以我们最后也改成了这个洋气一点儿的名字。

我这大大的耳朵和柠檬形的眼睛，不管怎么看都像是一个充满灵性的妖精吧。有人甚至说，这没有毛发的皮肤摸起来手感简直太好了！可是话说回来，没有毛发也导致我不太喜欢晒太阳。我们的体重大概是 4kg。我们中有个欧洲的小伙伴还出演了大制作的电影呢，那人气也是相当不错的。

斯芬克斯猫

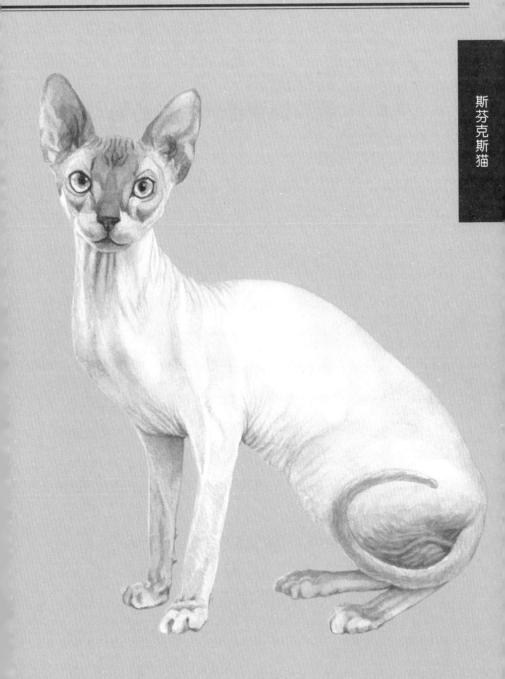

猫咪访谈！
玩具虎猫是什么样的猫?

对我们略知一二的人，应该没有几个吧。我的英文名字叫作 toy-tiger，直译过来就是玩具虎。你看看，我是不是有一身虎纹样的皮毛。

据说，为了证明我不是和老虎一样凶神恶煞，人们才特意在我的名字前面加上了"玩具"两个字。最早我们家族是在美国被繁育出来的。

说到这里，你是不是也对我了解了那么一点点? 可遗憾的是，我们家族里就是有些小伙伴毛色鲜艳，怎么都呈现不出来虎纹。这可真让人们操心坏了，听说到现在，还有很多人在醉心研究这个问题呢。

我的身材嘛，可以算得上中规中矩了。4kg 左右的体重，骨架均匀，走路带风，跑跳有声。唉，这些事情可是没办法从插图里看出来的。我们的性格开朗、顺从，而且非常聪明。最近，日本也出现了很多我们的小伙伴，你也要留心找找看哦。

玩具虎猫

猫咪访谈！
挪威森林猫是什么样的猫？

我们与缅因猫一样，都是世界上身材数一数二大的猫咪。我最引以为傲的，就是这身毛茸茸的长毛了。

我的名字里已经有了"挪威"二字，想必你能猜得出我的源生地。我们本来生活在寒冷的挪威，所以身体上长着非常厚实的毛发。因为外层毛发有防水功能，所以被稍微弄湿一点儿也不用在乎。内层毛发像羊绒一样，保温性能非常好。

挪威的斯堪的纳维亚半岛是个自然环境非常恶劣的地方。我们就出生和生活在那里，并且顽强地活了下来。所以你应该可以想象得到，我们的身体素质非常优秀，捕猎的技巧也非常高超。而且，我们还会在海盗偷袭的时候，野兽袭击村庄的时候，挺身而出守护村民呢。我们的性格比较安静，大家都说我们内向。唉，享受孤独也是一种人生常态啊。

挪威森林猫

问 **Question**
93
猫咪访谈！
巴曼猫是什么样的猫？

有记载说，最早的巴曼猫是由一个缅甸大喇嘛饲养的。那时，我们被称为"缅甸的神猫"。我们的祖先原产于缅甸，属于长毛猫品种。我们最显著的特点，就是脚上的白色踏雪了。

我们拥有蓝宝石般的蓝眼睛，酷似暹罗猫的长毛，顺滑得就像穿了一身绸缎。

我们体型健壮而结实，体重大概5kg，性格稳健而安静。

对于我们巴曼家族，

有一个这样的传说：我们的祖先在它的主人濒死的时候，把自己的脚放在了主人身上为他祈祷。就在这时，我们祖先的白色毛皮变成了金黄色，黄色的眼睛变成了蓝宝石色，而 4 只白色的腿也变成了土地一样的棕色，只有放在主人身上的脚仍然是雪白的。

据说正因为我们有顺从主人的决心，才会变成这个样子。

说到这里，不禁联想到了我们祖先的主人竟然就那么去世了，有点儿小难过呢。

巴曼猫

猫咪访谈！
英国短毛猫是什么样的猫?

　　曾几何时，我们可是捕捉老鼠的行家呀。要是追宗溯祖，能一直追溯到罗马时代。现在我们虽然个头不大，但以前可是大个子。欧洲那些小老鼠，只要看到我们就会被吓得瑟瑟发抖。

　　就算现在，我们也身材魁梧、体格厚实、腿脚矫健。就连我们的毛发，也都根根坚挺。

　　现在我们多少有些远离了捉鼠专家的领域，而是作为宠物猫过上了悠闲的日子。好多人都喜欢我们圆鼓鼓的小脸蛋。虽说我们也挺喜欢人类，但是真心受不了人类跟我们腻歪。那也不符合我们的性格啊。

　　我们的毛色有很多种类，其中最经典的当属蓝色系。至于我嘛，身上还有点儿白色的混搭。

英国短毛猫

问 Question

95

猫咪访谈！
波斯猫是什么样的猫？

听说我是"猫中贵族"。我的整个身体有点儿圆圆的，耳朵小、眼睛大、塌塌的鼻子、圆圆的脸。这些外貌特点，可都是我引以为傲的萌点。

大家说我们的起源是阿富汗，但我在日本土生土长，对遥远的家乡并不是很了解。据说，我的祖先比我苗条很多，但我可真想象不出来自己瘦了会是什么样子。难道 4kg 左右不是最完美的体重吗？

我的毛发浓密，是典型的长毛猫。那么多的人都对我的毛发情有独钟。我们家的孩子有各种各样的毛色，任你挑选。但不管什么颜色，都需要频繁地梳理毛发才行。

你可能知道我性格低调，但你知道我也很认生吗？请千万不要追得我四处躲藏。要是说到我最喜欢的事情，那当然是趴在主人的膝盖上睡觉了。

波斯猫

Question 96
猫咪访谈！孟加拉猫是什么样的猫？

有时候，人类会把我跟热带草原猫弄混，真愁人哪。你看看我，这才是正宗的豹纹好吗。我的祖先可是亚洲豹猫哦，亚洲豹猫与埃及家猫交配之后繁殖出我们，所以我们与生俱来拥有水貂般顺滑的毛发。手感超级棒！

虽说我的身体里流淌着亚洲豹猫和埃及家猫的血液，但我一点儿都没有亚洲豹猫那么凶残。这说明我更多地继承了家猫的温顺，让我更有猫的样子。

体重为 5~6kg。

　　我可不是那种喜欢趴在膝盖上睡觉的小懒虫。你要带我玩儿啊！其实我也有一点儿喜欢趴在膝盖上，但更喜欢自由地跳来跳去。要是想把我带回家，可要先准备好猫架哦。我非常喜欢从猫架上跳到你的怀里。

　　跟其他喜好运动的猫一样，我更偏好高蛋白质的猫粮。所以，能多给我来点儿猫粮吗？

孟加拉猫

猫咪访谈！
梵蒂冈猫是什么样的猫？

我，是梵蒂冈猫。顶级流量明星。相信喜欢猫的人士，肯定对我一点儿都不陌生。别看我腿短，行动灵活着呢，就连转弯都不用减速。这么说吧，我的灵活程度完全不输给低底盘的小跑车。

可能我唯一不太擅长的就是跳跃。当然，也有个别小伙伴，属于那种"天赋异禀"的跳高小能手。

我的祖先出生在美国，据说一场意外的基因突变导致我们的腿忽然变短了。

然而，这种小短腿的身材在日本却大受欢迎，所以我们就渐渐移居到日本来了。

可能是因为腿短，显得我们的身体好像有点儿长。其实并没有那回事儿。我们有的是长毛，有的是短毛，毛色有很多种类。体重在 3~6kg，身材大小都不太一样。

性格多数都比较开朗，喜欢玩耍，超级喜欢跟主人撒娇。无论家里有小孩子还是其他种类的猫咪，我们都能与其愉快相处。

梵蒂冈猫

猫咪访谈！
缅因猫是什么样的猫？

我是缅因猫，长相和性格都野性十足。但是我的叔叔好像性格很温顺，因为我的家里人本来就性格各异。

虽然我还没满一周岁，但体重快到 5.5kg 了。这没什么！要知道我的叔叔有 9kg 重呢。在家猫世界中，我们属于大块头。我们叫缅因猫，这名字的原本意思是我们像缅因的浣熊。可能因为我还没成年吧，就是喜欢东跑西颠，跳来跳去。我的体型大、毛发长，会给人带来一种压迫感，人们常对我的身材瞠目结舌。

我的好奇心旺盛，每天都在家里探险。最近正在专心研究怎么打开洗面台的门。我叔叔能用身体把门把手压下来，然后很巧妙地打开门。我啊，还没练出这个本事呢。

缅因猫

猫咪访谈！
布偶猫是什么样的猫?

　　轮到我介绍了吗? 我的祖先, 是被美国加利福尼亚的安·贝克(Ann Baker)先生培育出来的。据说父亲是伯曼猫, 母亲是非纯种长毛猫。这些我都是道听途说来的。

　　安先生想培育一只性格恬淡、行动沉稳的猫, 这不正是我们这种猫的性格吗。我们温柔体贴、安静内敛, 体重可以达到7kg左右。这就是传说中的"有颜值, 有肌肉"吧。

　　在拉丁语里, 我们的名字——Ragdoll, 就是布偶的意思。我们拥有湛蓝色的眼睛和蓬松的长毛, 有时候会有一些重点色或斑点。说到这些斑点色啊, 那颜色可多了呢。

　　我们喜欢玩耍, 喜爱蛋白质含量充足的猫粮。

布偶猫

猫咪访谈！
俄罗斯蓝猫是什么样的猫？

在我小时候，曾经被人叫作"黑色的恶魔"。我绝对不会原谅叫我的那些人！我才不是恶魔呢，不过是有点儿太闹腾而已。其实，我也可以做一个安静的美男子，可是我的那些兄弟们永远激情澎湃，让我忍不住就跟它们组了队。好怀念那时候啊！

我们曾经是俄国沙皇的爱猫，如果你仔细观察，一定能在我身上找到相当高阶的品相。看着一身蓝色天鹅绒般的毛发，是不是很有品味。反正我家主人总这么夸我。身材嘛，充其量算中等个头吧。

我们有翡翠绿的眼睛和瓜子脸，而且嘴角上扬，看起来总是在微笑。多么完美的表情管理啊！

尽管我看起来优雅而冷漠，但也有心思细腻的一面。我承受不了太大的压力，性格内向而沉默。嗯，我本来就是这样的，只不过今天有点儿话痨。

俄罗斯蓝猫

篇尾语

　　说到猫，很多人都会好奇，它究竟是怎样一种生物呢？喜怒无常，能撒娇，能暴走，又可爱得令人无法拒绝！真想了解更多猫咪的事情啊……

　　猫咪如果知道我们这样的心理，应该会这样回答吧："嗯？我都不懂我自己。你，就更别提了！"

　　也许还会这么说："这点儿小事，计较什么？先让朕在你膝盖上睡一觉。"

　　这就是猫啊。来不及多想，我家老大的小母猫已经捷足先登地趴在我的膝盖上开始睡觉了。看着猫咪毛茸茸的身体，忍不住伸手去摸，"哎呀！好疼！"一不小心就被这家伙咬了一口。然而猫咪却绝情地跳开了，满脸都写着"什么手法嘛！摸得人家这个难受！"接下来，猫咪马上开始自己梳理毛发，就好像什么都没发生过一样。

　　看着喜欢撒娇的老大、贪吃贪睡的老二、时常暴走的老三，我微笑着沉浸在这样的生活画面中。

编辑部代表　宙照 SHII

作者简介

今泉忠明（IMAIZUMI TADAAKI）

著名动物学家，1944 年生于日本东京。他毕业于东京水产大学（现东京海洋大学），在日本科学博物馆学习过哺乳类的分类学和生态学，从事过文部省的国际生物事业计划调查，参加过环境厅的山猫生态调查活动。曾担任日本上野动物园的动物解说员，是静冈县"猫咪博物馆"的馆长。著有多部与动物相关的作品。

插画

森松辉夫（MORIMATU TERUO）/AFURO

1954 年生于日本静冈县周智郡森町。他曾就职广告制作公司，从事设计工作。1985 年成为自由职业人。目前就职于株式会社 AFURO。其作品被广泛应用于台历、海报、封皮等领域，并为多部作品制作插画，其制作的涂色绘本广受好评，并被多家出版社购买海外版权。

编辑　宙照 SHII、上尾茶子、小林大作

设计　藤牧朝子

DTP　（株）Union works

协助　北见一夫（AFURO）

主要参考文献

『図解雑学 最新 ネコの心理』(今泉忠明 2011 ナツメ社)

『犬と猫 どっちが最強か決めようじゃないか』(監修／今泉忠明 2019 主婦の友社)

『猫脳がわかる!』(今泉忠明 2019 文春新書)

『猫はふしぎ』(今泉忠明2015 イースト新書Q)

『猫語レッスン帖』(監修／今泉忠明 2012 大泉書店)

『猫のしもべとしての心得』(監修／今泉忠明 2017 NHK出版)

『面白くてよくわかる! ネコの心理学』(監修／今泉忠明 2014 アスペクト)

『日本と世界の猫のカタログ』(成美堂出版)

『TJMook 猫ともっと仲良くなる本』(監修／高倉はるか 2016 宝島社)

今泉先生教えて一度は猫に聞いてみたい 100 のこと
今泉忠明

Copyright © 2020 by Tadaaki Imaizumi
Original Japanese edition published by Takarajimasha, Inc.
Simplified Chinese translation rights arranged with Takarajimasha, Inc., through
Shanghai To-Asia Culture Co., Ltd.
Simplified Chinese translation rights © 2021 by Liaoning Science and Technology
Publishing House Ltd.

©2021 辽宁科学技术出版社
著作权合同登记号：第 06-2020-231 号。

版权所有·翻印必究

图书在版编目（CIP）数据

别说你懂猫咪：猫咪行为 100 问 /（日）今泉忠明著；
王春梅译 . — 沈阳：辽宁科学技术出版社，2021.6
ISBN 978-7-5591-2007-6

Ⅰ . ①别… Ⅱ . ①今… ②王… Ⅲ . ①猫—通俗读物
Ⅳ . ① S829.3-49

中国版本图书馆 CIP 数据核字（2021）第 056137 号

出版发行：辽宁科学技术出版社
　　　　　（地址：沈阳市和平区十一纬路 25 号 邮编：110003）
印 刷 者：辽宁新华印务有限公司
经 销 者：各地新华书店
幅面尺寸：145 mm×210mm
印　　张：5.5
字　　数：200 千字
出版时间：2021 年 6 月第 1 版
印刷时间：2021 年 6 月第 1 次印刷
责任编辑：康　倩
版式设计：袁　舒
责任校对：闻　洋

书　　号：ISBN 978-7-5591-2007-6
定　　价：35.00 元

邮购电话：024-23284502
E-mail:987642119@qq.com